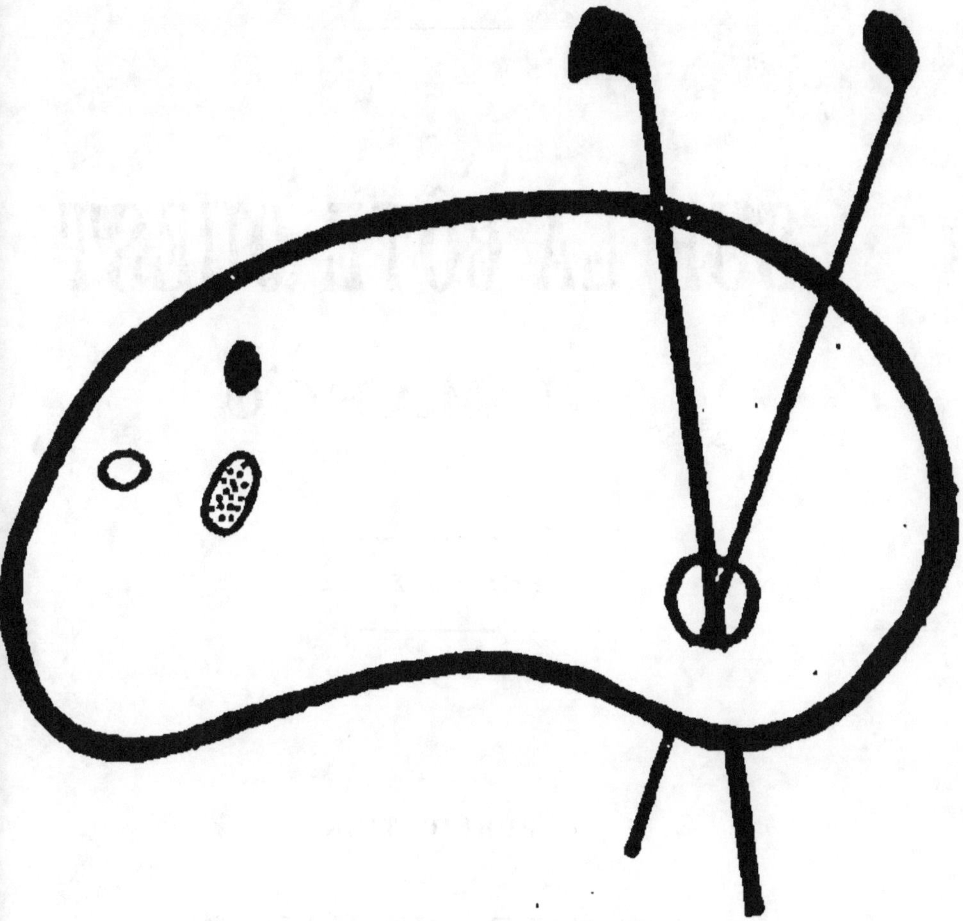

**DEBUT D'UNE SERIE DE DOCUMENTS
EN COULEUR**

E. POBEGUIN

INGÉNIEUR DE LA MISSION HYDROGRAPHIQUE DU MAROC

(FONDATION HÉRIOT)

SUR LA CÔTE OUEST

DU MAROC

Prix : 1 Franc

PUBLICATION

DU

COMITÉ DU MAROC

21, Rue Cassette, Paris.

1908

COMITÉ DU MAROC

Président d'honneur : M. Eug. ÉTIENNE, ancien Ministre de la Guerre.

Président : M. GUILLAIN, député, ancien Ministre des Colonies.

Trésorier : M. René FOURET.

Membres : MM.

E.-M. DE VOGÜÉ, Membre de l'Académie Française, Vice-Président du Comité de l'Afrique Française ;

AUGUSTIN BERNARD, Professeur de Géographie de l'Afrique du Nord à la Sorbonne ;

Prince ROLAND BONAPARTE ;

PAUL BOURDE ;

Comte A. DE CASTRIES ;

J. CHAILLEY, député ;

J. CHARLES-ROUX, ancien Député ;

Le Général DERRÉCAGAIX ;

S. DERVILLÉ, Président du Conseil d'administration de la Compagnie Paris-Lyon-Méditerranée ;

O. HOUDAS, Professeur à l'Ecole des Langues Orientales vivantes ;

LUCIEN HUBERT, Député ;

Comte E. DE LABRY ;

RENÉ MILLET, Ambassadeur de France ;

GEORGES PRESTAT ;

Le Général VARIGAULT ;

Secrétaire général : AUGUSTE TERRIER :

Secrétaires : ROBERT DE CAIX et ROGER TROUSSELLE ;

Délégué à Tanger : CH. RENÉ-LECLERC.

Siège du Comité : **21, rue Cassette, Paris.**

Tout Français souscripteur d'une somme au moins égale à 20 fr. devient adhérent du Comité du Maroc et reçoit le « Bulletin mensuel de l'Afrique française », organe du Comité.

Adresser les souscriptions au Trésorier du Comité du Maroc, 21, rue Cassette, Paris-6ᵉ.

Paris. — Imprimerie Levé, 17, rue Cassette.

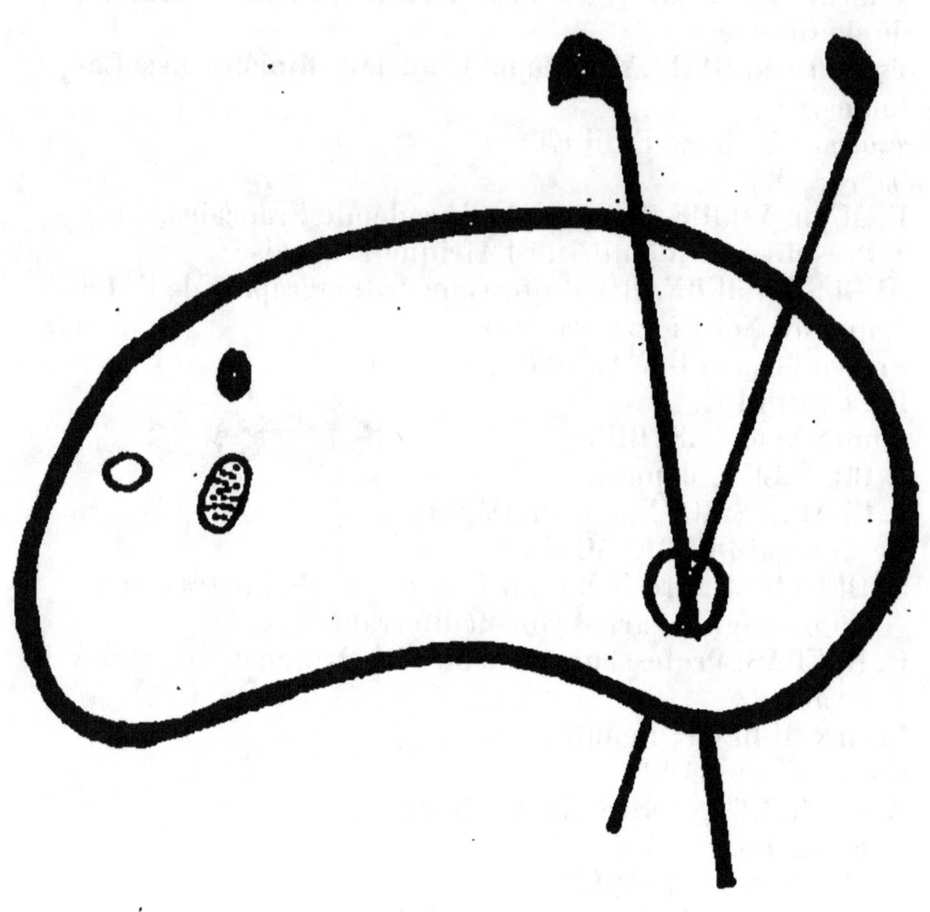

**FIN D'UNE SERIE DE DOCUMENTS
EN COULEUR**

E. POBEGUIN

INGÉNIEUR DE LA MISSION HYDROGRAPHIQUE DU MAROC

(FONDATION HÉRIOT)

SUR LA CÔTE OUEST

DU MAROC

Prix : 1 Franc

PUBLICATION

DU

COMITÉ DU MAROC

21, Rue Cassette, Paris.

1908

SUR LA CÔTE OUEST
DU MAROC

FALAISES, DUNES ET BARRES

Après avoir étudié pendant trois années (1905-1906-1907) le littoral atlantique du Maroc, au point de vue spécial de l'hydrographie, je crois pouvoir réunir un certain nombre d'observations et d'hypothèses, se rattachant d'ailleurs de plus ou moins loin aux questions hydrographiques et relatives à cette côte naguère si mal connue.

S'il m'est permis d'affirmer (autant que l'on peut affirmer dans le domaine des sciences physiques) certaines transformations ou modifications actuelles, que j'ai eues constamment sous les yeux, la plupart de mes conclusions ne seront que des déductions d'ensemble qui m'ont paru logiques.

J'ai essayé de réunir sous une même théorie différents faits isolés en apparence. Tous les agents que l'on nomme si justement le jeu des forces naturelles, issus d'un même principe, concourent à une même fin, qui est un éternel recommencement.

Aspect général de la côte.

La côte marocaine de l'Atlantique que j'ai parcourue à pied ou par eau depuis le cap Spartel jusqu'à l'oued Sous, offre aux yeux un spectacle d'une monotonie désespérante. Elle est rectiligne, généralement assez basse, et formée pour la majeure partie de dunes. Le reste, qui m'a semblé plutôt moins important au point de vue de la longueur, est formé de falaises, noires ou rougeâtres, de hauteur moyenne et souvent assez faible. Le maximum est très exceptionnellement de 156 mètres à Bordj Nador (cap Saffi). On trouve d'ailleurs ces dunes et ces falaises réparties d'une façon bien inégale. Parfois la même nature de côtes se prolonge pendant 50 à 100 kilomètres; mais souvent — et ceci est une caractéristique — le cordon des dunes littorales est semé d'*îlots de falaises* d'une longueur de quelques centaines de mètres (notamment de Fedhala à Casablanca). Nous verrons plus loin la raison de ce fait.

Les sondages hydrographiques nous ont révélé, d'autre part, que même en face des côtes de dunes, les fonds de sable étaient en très petite minorité. Les rochers plats ou *platures de roches* forment la majeure partie des fonds; et le sable révélé par la sonde s'est trouvé très souvent, lorsque l'on voulait y mouiller une ancre, n'être qu'une mince couche à travers laquelle les pattes de l'ancre trouvaient le rocher. Ce ne sont que des *mares de sable* plus ou moins grandes, déposées dans les eaux plus tranquilles des cavités de rochers.

Enfin, une des caractéristiques de cette côte est constituée par les *barres de sable* qui encombrent les embouchures, oued Lukkos à Larache, Bou-Regreg à Rabat, Sebou à Mehediya, Oum er Rebia à Azemmour, Tensift à Soueira Khedima.

Nous nous trouvons donc en présence des faits physiques suivants :

Sur la côte : falaises et dunes ;

En mer : fonds de roches plates ;

Aux embouchures : barres de sables.

Quelles sont d'autre part les forces naturelles en jeu ?

1° *La mer*. Elle agit de deux façons : d'abord par son agitation ; la houle de l'Atlantique bat cette côte d'une façon à peu près continuelle ; elle vient sensiblement de la partie de l'Ouest, plutôt un peu Nord-Ouest, déferle sur la plage de sable, où vient battre la falaise. Par les temps les plus calmes, sans qu'il y ait une ride à la surface de l'eau, une grande houle de fond, très longue, s'avance vers la côte, se gonfle à mesure que les fonds diminuent et vient finalement s'écraser en écume sur le littoral. Une série de mesures faites aux environs du cap Blanc par très beau temps m'a donné, en juillet 1907, une longueur de lame de 18 m. 50 avec une vitesse de 12 nœuds. On sait qu'en général la lame déferle quand la profondeur de l'eau devient inférieure à trois fois la hauteur de l'ondulation ; ces lames ayant au moins 2 mètres de creux brisent dès que les fonds sont moindres de 5 à 6 mètres.

Ensuite, la mer agit par son *courant*. Une branche importante du Gulf Stream détachée du tronc central vient en effet lécher les côtes du Maroc. Des mesures de courant, faites en juin 1907 d'une façon extrêmement précise, ont montré qu'il était très variable, sa force allant au cap Cantin de un demi à deux nœuds, vers le Sud-Ouest et passant très près de la côte.

2° L'*air* est aussi, comme nous le verrons, un facteur important dans la structure de la côte. Le vent du Nord, qui souffle à peu près constamment pendant la saison sèche, agit d'une façon considérable.

Enfin il sera peut-être bon, pour des études futures plus précises, de tenir compte de son humidité, qui doit jouer un certain rôle. La saison sèche se manifeste par l'absence de pluies, mais l'air est néanmoins presque saturé. A Mogador, pendant un séjour d'un mois, en juillet-août 1905, nous avons constaté que, sauf un coup de vent accidentel de la partie Ouest, il se levait tous les soirs, entre 6 heures et 8 heures, un fort vent du Nord, très régulier en intensité, le *cherqui*, qui se prolongeait jusque dans la matinée du lendemain. Nous l'avons retrouvé, avec moins de régularité toutefois, dans les autres ports. — En ce qui concerne l'humidité, étant partis de Toulon le 23 juin 1905, nous avons reçu notre première pluie véritable à Fedhala, les premiers jours d'octobre. Néanmoins, durant toute cette période, l'un de nos hygromètres, enregistreur de Saussure, a oscillé entre 85 et 100. — L'autre, à cadran, n'a quitté que très exceptionnellement le maximum 100°. — Il n'était d'ailleurs point besoin d'instruments pour se rendre compte de l'humidité de l'air; mais ils prouvent que pendant la saison dite *sèche* (et cette fois exceptionnellement puisque des cultures ont péri faute d'eau) l'air est à son maximum de saturation. — Comme sa température moyenne sur la côte est de 25° en été, on voit qu'il contient une notable proportion d'eau (tension de la vapeur saturée à 0°, 4 millimètres; à 25°, 32 millimètres environ).

Nous avons donc en présence quatre facteurs principaux :

En mer : le courant du Gulf Stream venant du Nord et la *houle* venant de l'Ouest.

Dans l'air : le vent d'été qui souffle du Nord et la *saturation de l'atmosphère*.

Enfin *les fleuves* apportent deux éléments qui, nous le verrons, sont d'une certaine importance :

Leur *débit liquide* avec son régime de crues régulières et leur *débit solide* depuis les galets de l'Atlas jusqu'aux vases fines provenant des berges de leur cours inférieur.

Ayant exposé les faits principaux, nous devons voir par quel mode les *facteurs* que nous venons d'examiner mènent aux *résultats* constatés plus haut.

Comme dans toutes les autres transformations naturelles, la matière parcourt un ou plusieurs cycles qui se ferment forcément ; il importe donc de se fixer une origine : nous partirons du *terrain en place* pour suivre sa destruction, et les phases par lesquelles il passe jusqu'à la fin du cycle, c'est-à-dire sa reconstitution.

Destruction des falaises.

Le terrain en place est constitué par des falaises, qui, en nombre de points, bordent la mer. Elles sont formées, dans l'immense majorité des cas, d'un grès tertiaire, pliocène ou oligocène, calcaire.

L'agent le plus important qui agisse sur elles est naturellement la vague. La mer bat perpétuellement le pied de ces falaises.

On conçoit facilement quelle est l'énergie destructive qu'elle renferme, étant données la masse et la vitesse de ses vagues (la vitesse d'une lame s'accroît également quand la profondeur diminue).

Nous devons distinguer d'ailleurs, sans que cela influe sur le résultat, les falaises de roches dures, de celles formées de roches tendres.

Roches tendres. — Prenons comme exemple le littoral qui s'étend entre Moulaye-Bou-Selam et Mehediya, le long de la lagune Raz-Dora. La côte présente le profil suivant : une falaise de 9 à 10 mètres présente en haut une partie verticale de 2 à 4 mètres ; puis plus bas un talus formé d'éboulements non encore désagrégés. Ces éboulements reposent sur le sable d'une plage très inclinée. Ce sable est en couche très mince et se termine au niveau de la basse mer, où l'on peut voir qu'il repose sur la même roche que celle qui constitue la falaise.

Que se passe-t-il ?

A pleine mer, le flot vient battre le pied de l'éboulement, pulvérise la roche ; mais quand il a entraîné une certaine partie de ce rempart, il vient ronger la falaise elle-même ; aussitôt que le pied en est ébranlé, une tranche se détache, s'effondre, et ses débris viennent combler le vide que la lame avait creusé. L'équilibre est donc rétabli entre l'*attaque* et la *défense*, mais aux dépens de la falaise qui a perdu de sa masse

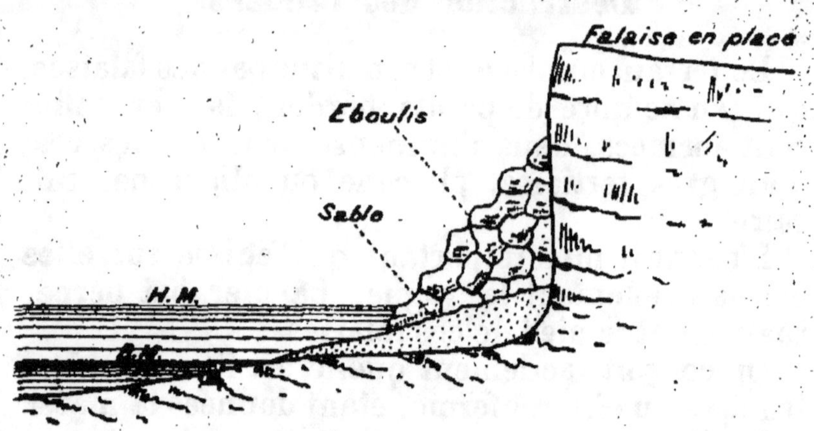

Coupe de la falaise
à la Merja Raz-et-Dora

pour réparer ce que l'on pourrait appeler ses défenses avancées. Quant aux matériaux pulvérisés, ils se déposent provisoirement et forment cet *estran* de sable qui s'étend entre les laisses de haute et basse mer. Nous verrons plus loin quelle est leur destinée.

Le résultat est que la côte est à peu près rectiligne, la mer ne pouvant avancer quelque peu sans que la terre ne répare ses pertes ; l'action de la vague étant un peu oblique, il ne se produit ni baies profondes ni caps saillants ; toute pointe offrant une surface plus grande à la mer est destinée à disparaître et à « rentrer dans l'alignement ».

Roches dures. — Si la roche constituant la falaise est dure, l'attaque par la mer est différente, quoique ce ne soit qu'une modification très secondaire dans l'histoire générale de la côte africaine.

C'est ce que nous trouvons à l'îlot Mogador en particulier.

En plan, de petits caps et baies très accentués dont l'axe est orienté vers les vents dominants et les vagues les plus fortes.

En coupe, une succession de plateaux horizontaux, très bien délimités, étagés les uns sur les autres au nombre de trois en général; chaque plateau a des caps correspondant à ceux de l'étage inférieur, prolongés sur ce dernier par des roches isolées. Nous verrons plus loin une raison possible à ce mode d'action de la vague.

La vague, si rapide qu'elle soit, n'a réellement de force horizontale que si elle est déformée par un obstacle, c'est-à-dire lorsqu'elle se brise sur la côte; l'ondulation normale, si elle peut contenir des sables en suspension, est incapable de les faire progresser dans le sens de sa marche apparente, et ils restent soumis, d'abord, au mouvement vertical alternatif *sur place* caractéristique de la vague, et à l'entraînement général dû au courant côtier. *Ils avancent vers le Sud durant toute leur période de suspension.* Quel que soit le faciès de la falaise attaquée, le résultat est le même :

Leur *destruction* et la formation de *sables en suspension.* Ainsi est acquis ce fait déjà bien connu que *la côte africaine de l'Atlantique (Maroc) recule au profit de la mer.*

Le dépôt des sables.

Nous venons de voir la formation du sable sur place; il nous reste à suivre ses pérégrinations.

Remarquons d'abord que si la vague a partout

une même *capacité d'entraînement* des matériaux légers produits par son choc, sa force destructive varie suivant la résistance des roches qui lui sont opposées. Si la roche est dure, il y a peu de sable produit : la vague peut tout emporter, et le dépôt des molécules solides n'est pas forcément immédiat (île Mogador). Si la roche est tendre, il y a surproduction de débris et formation d'un *estran* de sable (falaise de Raz Dora).

Quoi qu'il en soit, ces produits légers se déposent peu à peu, suivant l'ordre de leur pesanteur absolue (et non pas spécifique, qui est sensiblement la même pour tous). Ils forment des bancs sableux aux moments et aux endroits où la mer est plus calme, c'est-à-dire au fond des criques et à la marée haute; mais entre leur formation et leur dépôt, pendant leur période de suspension, se présente le grand fait qui dominera toute *l'histoire de ce littoral : leur déplacement vers le Sud*.

La formation des dunes.

Avant d'étudier la formation et la marche des dunes au Maroc, nous devons retourner aux auteurs qui ont déjà traité la question et, en particulier, au grand savant Brémontier, qui a établi d'une façon magistrale leur processus.

Dans son remarquable mémoire publié en l'an V de la République, et qui est resté la base de toute théorie des dunes, Brémontier dit ceci :

« ... Transportons-nous sur la côte d'Espagne, depuis le cap Ortegal jusqu'à Fontarabie et Bayonne, et celles de France depuis Ouessant jusqu'à Oléron et Royan, nous y trouverons toutes les matières dont les dunes sont formées; nous y verrons des plages chargées de gravier, des lits de pierre et de terre plus ou moins saillants, plus ou moins excavés, suivant l'adhérence des matières entre elles et la résistance de leurs parties ; des grottes profondes...

« ... Ces roches et ces terres sont continuellement battues, soulevées, froissées, roulées et entraînées par le mouvement constant et toujours actif des eaux de la mer dans le golfe de Gascogne ; les quartz, les cailloux, les graviers, en se détruisant eux-mêmes, minent insensiblement et à la longue les masses les plus fortes et les rochers les plus durs. Tous ces débris enfin se décomposent, se broient et s'atténuent sur la plage, jusqu'à ce qu'assez réduits et pour ainsi dire pulvérisés, *ils puissent être enlevés par les vents, jouer un nouveau rôle dans la nature et y reparaître sous une nouvelle forme.* »

C'est effectivement ce qui se passe au Maroc. Les sables se déposent sur l'estran, plutôt vers la laisse des hautes mers. Dans l'intervalle de deux marées, et surtout de deux grandes marées (soit à 15 ou 28 jours d'intervalle), les parties non couvertes par la mer sèchent et sont enlevées par le vent qui les dépose plus loin. La saison la plus propice, celle sans doute où a même lieu la presque totalité du mouvement, est la saison dite sèche, avril à octobre, pendant laquelle le vent souffle du Nord presque sans interruption.

Ces sables sont donc entraînés vers le Sud, et nous verrons que c'est un point capital dans l'histoire du littoral africain.

Brémontier n'a étudié que les dunes des Landes, entre la Gironde et l'Adour. Dans cette région, le vent sablant souffle de l'Ouest. La marche des sables, leur disposition, leur ordre de bataille, en un mot, est donc normal à la côte. Nous trouvons ici une première différence. Le sens d'avancement des dunes est au Maroc sensiblement parallèle au littoral ; il s'ensuit que nous rencontrons au Maroc, en suivant la mer, ce que Brémontier a décrit comme lui étant perpendiculaire en Gascogne.

« Les dunes du centre sont, en général, les plus élevées. Ce sont de véritables chaînes de montagnes, toujours susceptibles d'être accrues par les autres, moins fortes, qui les suivent. (Nous verrons où sont, au Maroc, ces grandes dunes.)

« La pente d'une dune exposée aux vents régnants est toujours moins rapide que celle du côté opposé. Lorsque les sables sont parvenus au delà du sommet, ils se trouvent abrités et retombent. Ce dernier talus est, en général, à 50° ou 60° (à terre coulante) et le premier à 10° à 25°.... Tous ces sables sont sortis de la mer et continueront à s'en échapper, tant que les vents seront les mêmes ..

« ...Les dunes... obstruent encore de temps en temps les canaux par lesquels les eaux des ruisseaux et des rivières se rendent à la mer. Ces eaux refluent dans les terres, inondent et désolent les campagnes... »

Nous trouvons également ici un cordon marécageux entre les dunes et le sol cultivable, mais avec l'avantage que le sable ne progresse pas vers l'intérieur et n'envahit pas le pays.

Pour bien nous rendre compte de ce déplacement, il nous faut préciser ici l'aspect du *terrain en place.*

La côte, qui sous l'action de la mer fournit les matériaux qu'entraîne le vent, *est formée par des chaînes de collines calcaires à peu près parallèles entre elles et au littoral.* Ce sont ces collines, tranchées verticalement, parallèlement à leur ligne de faîte, qui forment ces falaises que nous avons présentées déjà.

Parfois, une même chaîne de collines est attaquée par la mer suivant une ligne presque droite. Cela donne ces longues falaises de hauteur uniforme que nous avons vues en particulier le long de la Merja Raz ed Dora. C'est ici le chantier de préparation des matériaux, tel que nous l'avons décrit plus haut. Peu de sable; seulement une petite ligne de dépôts sans importance sur le bord supérieur de la falaise.

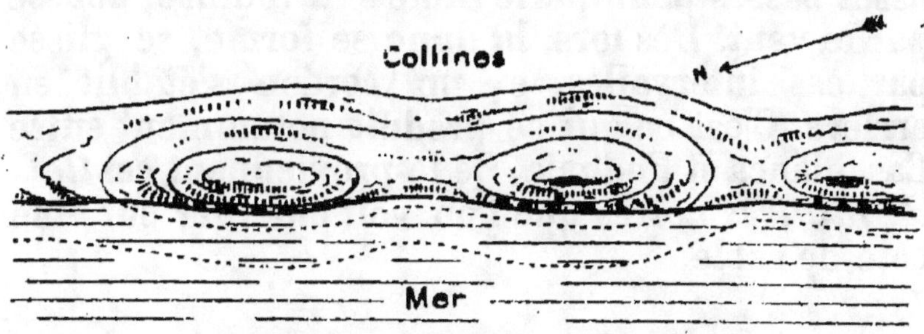

Attaque par la mer du 1er versant
La crête de la falaise s'élève à mesure que des tranches s'écroulent

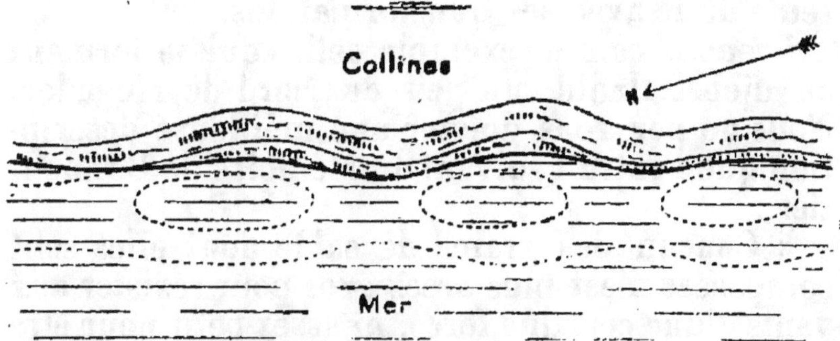

Attaque par la mer du 2me versant
La crête de la falaise s'abaisse

Plan schématique des deux phases
de la disparition du littoral

Mais supposons que l'attaque continue. Et pour cela point n'est besoin de nous transporter dans le temps à quelques milliers d'années à venir; il suffit de nous déplacer un peu sur le littoral, qui présente tous les états d'avancement de la transformation. Nous voyons alors que la ligne de faîte a disparu, la mer ayant atteint l'autre versant; les petits cols qui séparaient les collines entre elles continuent à se dessiner, et à mesure que l'œuvre de destruction s'avance, la crête de la falaise s'abaisse.

Un moment vient où les dépressions A B C sont assez basses pour que le sable s'introduise, poussé par le vent. Dès lors, la dune se forme, se glisse par ces intervalles, et un cordon s'établit en arrière. C'est ce qui se produit notamment entre Casablanca et Fedhala. De là proviennent ces *îlots de falaises noires* que l'on voit émerger sur une côte de sable.

La marche des dunes.

Nous allons suivre maintenant la marche d'une seule dune avec ses transformations.

Prenons comme exemple celles qui se forment au djebel Hadid, un peu au Nord de Mogador. Nous ne pourrons donner une meilleure description que l'extrait suivant du Mémoire de Brémontier :

« Chacun des grains de sable dont elles sont composées n'est plus assez gros pour résister aux vents d'une certaine force, ni assez petit pour être enlevé comme de la poussière ; ils ne font que rouler sur la surface dont ils sont arrachés, s'élèvent rarement à plus de trois ou quatre pouces de hauteur, souvent avec une très grande vitesse, et retombent par leur propre poids, lorsqu'ils sont à l'abri du vent... quand ils ont surpassé le sommet de la montagne.

« Ainsi, chacun de ces mêmes grains occupe alternativement le centre de la dune, et ils passent tous successivement de la base au sommet et du sommet à la base...

« ... A mesure qu'une dune avance, elle perd dans sa marche toujours quelque chose de son volume dans les cavités et inégalités du terrain qu'elle parcourt. Elle deviendrait insensiblement à rien si elle n'était soutenue et fortifiée par de nouvelles matières produites par la même cause ou provenant de la même source.

« La vitesse de la marche doit donc être en raison inverse de leur volume, c'est-à-dire que lorsqu'il est peu considérable, elles doivent avancer plus vite... »

Si nous suivons la côte, nous voyons d'abord de petits monticules peu importants de quelques mètres de hauteur ; puis, peu à peu, l'altitude augmente en même temps que la largeur de la zone occupée ; le courant du sable passe ainsi derrière Mogador, qu'il sépare complètement de la terre ferme, et à cet endroit il a déjà 5 à 6 kilomètres de large ; une mesure précise nous a permis de fixer à 116 mètres, en 1905, l'altitude de la plus haute de ces dunes. Elles sont d'ailleurs disposées sans aucun ordre, enchevêtrées ou séparées par des couloirs dont les murs sont presque à pic. On peut observer, dans ces couloirs, le sol sur lequel les dunes se déplacent : c'est une argile rougeâtre très ferrugineuse, absolument unie et balayée par le vent comme par la ménagère la plus soigneuse. Il est remarquable qu'à côté de ces immenses masses de sable, pas un seul grain ne vienne se déposer dans leurs intervalles ; toute parcelle qui est arrachée à l'une court sur ce parquet jusqu'à la suivante. Les dunes roulent vers le Sud sur ce plancher d'argile, sans s'y accrocher ni laisser la moindre trace de leur passage (différence avec les dunes décrites par Brémontier).

Un peu au Sud de Mogador, l'oued Kseb vient interrompre la chaîne de sable. Nous nous trouvons en présence de l'un des obstacles opposés à la dune. Deux courants sont en présence : *le courant sableux qui progresse surtout en été, à un moment où les eaux de l'oued sont basses, et le courant liquide, qui n'existe réellement qu'en hiver.*

On conçoit aisément ce qui va se passer. En

été, la dune extrême, la plus haute de toutes, accrue des apports des autres, que lui amène le vent du Nord, poussée en un mot par celles qui

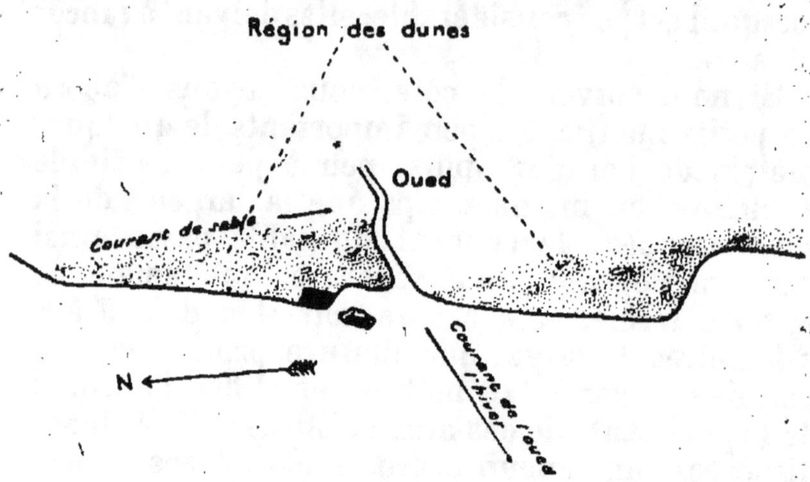

Plan schématique de la côte aux environs de Mogador *(montrant la marche des dunes)*

la suivent, empiète sur le domaine du cours d'eau, avançant précisément sur cet argile qui forme aussi le lit du fleuve. Mais l'hiver, les rôles changent : le sable est arrêté, le vent souffle de l'Ouest, apportant de la pluie qui fixe momentanément la dune et lui interdit tout mouvement. Au contraire, l'oued Kseb grossit, se trouve à l'étroit, attaque ses rives, et la plus sensible, la dune, est emportée par le flot de crue.

Ainsi, à la rencontre de chaque fleuve, le déplacement du sable, parallèlement à la côte, se trouve arrêté. Les apports sortis de la mer dans une saison d'été se trouvent rejetés par le fleuve dans la même quantité, à la saison d'hiver suivante.

Voilà une des formes de destruction de la dune. Il y en a une autre aussi intéressante, que nous pouvons saisir sur le fait.

Suivons simplement ce même sable chassé par l'oued Kseb en hiver; il vient se déposer dans la baie de Mogador et surtout aux environs, vers le Sud. Il sort de nouveau de la mer et forme encore, dans la direction du Sud, un nouveau courant terrestre, que nous voyons de plus en plus important à mesure que l'on approche du cap Sim ou Tagriouelt.

Ici, la scène change; c'est la terre qui se dérobe sous le sable en marche. La côte, devenue falaise, fait un brusque crochet vers l'Est. Pendant un fort coup de vent, passé à l'abri du cap, nous avons joui de ce spectacle assez curieux : cinq dunes, têtes de file du courant de sable, poussées par le vent et tombant du haut de la falaise en cascade régulière et continue.

Ceci est *un des grands faits qui distinguent le littoral africain de la région des Landes :*

Brémontier avait calculé le temps qu'il faudrait pour que le sable vienne envahir Bordeaux, à raison de 10 toises par an.

Ici, les apports du vent ne pénètrent pas dans l'intérieur du pays : sortis de la mer, ils retournent à la mer par un moyen ou un autre.

Premiers résultats.

Nous avons donc acquis ce premier point de l'économie générale du littoral :

Il recule lentement vers l'Est sous la poussée de l'Atlantique, laissant derrière lui ces « *platures de roches* » à la cote 10 à 20 mètres sous la surface des eaux; il est en quelque sorte rasé par la mer, à la profondeur à laquelle les vagues cessent d'agir. De là cette régularité dans les fonds portés sur les cartes marines; de là aussi cette barre continue *de la côte d'Afrique due à deux facteurs : peu de profondeur et grande houle. Les molécules constituées sont entraînées rapide-*

ment vers le Sud sous l'action combinée du vent et du courant.

Dans ces deux mouvements, c'est la même quantité de matériaux qui est en jeu ; mais les vitesses respectives imprimées par les deux forces en présence étant très différentes, le mouvement résultant est un déplacement vers le Sud.

Cette affirmation n'est pas une idée purement générale, s'appliquant simplement à la matière réduite en molécules anonymes ; le mouvement dont nous venons d'exposer la théorie entraîne avec lui un cortège de faits précis, liés d'une façon certaine au phénomène initial. Ce sont ces conséquences qui font l'objet des deux paragraphes suivants.

Déplacement des embouchures.

Nous venons de voir ce qui se passe à l'embouchure de l'oued Kseb, cours d'eau sans grande importance d'ailleurs. Il convient d'insister maintenant sur le caractère très différent de ses deux rives auprès de l'embouchure.

La rive Nord est constituée par les dunes accumulées en été. La rive Sud est une falaise rocheuse, au sommet de laquelle est le village de Diabet.

En hiver, l'oued devenu torrent, serré entre ses deux berges, les corrode et les emporte jusqu'à ce qu'il ait rétabli son lit de crue normal. Son action est cent fois ou mille fois plus puissante sur la berge sableuse que sur la rive rocheuse, mais LA PREMIÈRE SE TROUVE RECONSTITUÉE A L'ÉTÉ SUIVANT tandis que LA RIVE SUD NE RÉPARE PAS SES PERTES.

Donc, l'année suivante, par la crue des sables en été, la crue de l'oued en hiver, la même corrosion se reproduira sur la rive gauche (Sud) et *le lit moyen se trouve déplacé vers le Sud de la quantité dont cette rive s'est rongée.*

Ce fait, résultant de la marche des sables, est général et absolument indiscutable; nous en retrouvons la trace évidente à toutes les embouchures. Le Lukkos à Larache, le Sebou à Mehediya, le Bou-Regreg à Rabat-Salé, l'Oum er Rebia à Azemmour, l'oued Kseb à Mogador présentent un dispositif unique que l'on pourrait presque superposer à chacun. Le fleuve est appuyé par des dunes mobiles, mais sans cesse renaissantes sur sa rive Sud, fixe, mais qui ne se renouvelle pas.

A toute embouchure s'est fondée une ville ou village; étant donnée cette situation naturelle qui semblait privilégiée, les premiers occupants se sont installés sur la falaise rocheuse plutôt que sur le courant sableux où toute construction eût été envahie. PARTOUT ON CONSTATE QUE L'ENCEINTE DES MURS A DÛ RECULER.

A Larache, immédiatement à l'embouchure, un ou deux blocs de maçonnerie concrète, mesurant plusieurs centaines de mètres cubes, se sont éboulés : c'est la falaise qui a été rongée sous eux.

A Mehediya, les restes de plusieurs enceintes témoignent que l'homme a dû battre en retraite plusieurs fois, son œuvre s'écroulant dans le fleuve. L'année dernière encore, un saillant était en porte-à-faux de plusieurs mètres, laissant voir le dessous de ses fondations : il n'existera peut-être plus au prochain passage d'un Européen.

A Rabat, à l'entrée de la rivière, une tour polygonale hispano-mauresque, construite en briques, est maintenant presque suspendue au-dessus du vide : elle y tombera à une crue du Bou-Regreg. De même à Azemmour, de même à Diabet.

RÉSUMÉ. — *Il y a donc une marche générale des embouchures vers le Sud. Comme le cours du fleuve ne subit pas cette influence à 5 ou 6 ki-*

lomètres de la mer, cela se traduit sur la carte par une déviation du fleuve vers le Sud.

De plus, à l'embouchure :

La rive droite ou Nord est constituée suivant les circonstances par des pentes de dunes ou des bancs de sable. La rive gauche est formée par le terrain en place, corrodé par les eaux, taillé à pic en falaise, ou présentant un talus boulant à la pente naturelle des terres qui le forment ; cette dernière rive est rongée par l'oued et présente en général des éboulements récents.

Enfin :

Le déplacement des embouchures entraîne celui des agglomérations, qui ne peuvent s'étendre que vers le Sud, tandis que leurs remparts s'écroulent au Nord, et l'on ne peut pas dire que ce soit une de ces conceptions théoriques qui ne se réaliseront que dans des périodes indéterminées, puisque partout l'œuvre de l'homme, déjà bien fragile en face des causes habituelles de destruction, et dont la durée n'est qu'un instant si on la compare à celle d'une évolution naturelle, cette œuvre, dis-je, existe assez longtemps pour être renversée par l'œuvre de la nature. Les témoignages que nous venons de citer gisent encore sur les lieux mêmes.

Ce n'est donc pas la matière seule du littoral qui se transporte vers le Sud : c'est la côte tout entière dans sa forme réelle, avec ses baies, ses caps, ses embouchures, et l'on peut presque dire ses villes.

Sur notre côte des Landes, un phénomène à peu près analogue se produit pour l'Adour.

Brémontier n'en parle pas, quoique ce soit causé en partie par les sables ; mais M. Bouquet de la Grye le décrit d'une façon saisissante dans son étude de la barre du Sénégal :

« Les lames frappant la rive droite de l'Adour, accumulant le sable au point précis où se fait la

rencontre des eaux, déviaient le chenal vers le
Sud, poussaient le fleuve sur sa rive gauche
incessamment rongée jusqu'au jour où cette rive
gauche venait s'appuyer sur les premiers rochers
de Biarritz. Mais à ce moment la pente des eaux
était bien diminuée ; leur force vive ne recevait
point une compensation suffisante, du volume
acquis par ce cheminement au jeu des marées ; et

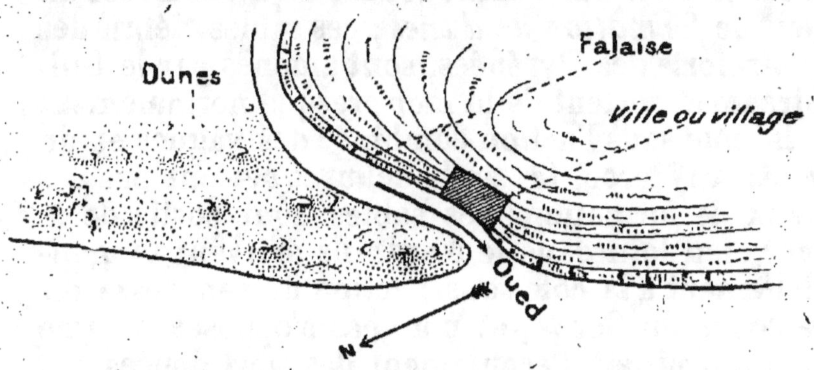

**Plan schématique d'une embouchure de fleuve
ou oued**

un jour où les lames étaient plus fortes, où elles
draguaient avec plus d'énergie les sables du large
pour les accumuler sur le littoral en même temps
qu'elles entraînaient ce même sable du Nord au
Sud, dans l'enfoncement où l'embouchure était
acculée ce jour-là, le fleuve impuissant à lutter
était bouché, et les eaux douces accumulées
venaient en arrière du littoral inonder au moins
les plaines basses.

« Les habitants de Bayonne venaient à la res-
cousse et frayaient un chemin au Nord dans la
direction du cours inférieur. La vitesse, maximum
au jusant, entraînait alors les sables du Lido,
creusait un chenal profond que le jeu des marées
agrandissait. »

Ça recommençait ensuite :

« Une double oscillation de l'embouchure :

Lente du Nord au Sud,

Brusque du Sud au Nord.

Je dois signaler deux différences entre la description de l'Adour par M. Bouquet de la Grye et ce qui se passe au Maroc. Il attribue aux lames la formation de la barre de l'Adour, tandis que nous avons démontré que c'est le vent, le moteur qui vient resserrer l'embouchure des oueds marocains. C'est en effet que l'embouchure de l'Adour est un lieu de *formation de dunes* ; ces sables, débris des contreforts des Pyrénées, sont amenés par le Gulf Stream et sortent de la mer presque normalement à la côte sous l'action combinée des vagues et du vent. Au Maroc, les embouchures ne sont pas des lieux de formation ; les sables sont sortis de la mer bien loin dans le Nord ; ils arrivent tangentiellement à la côte sous l'action du vent resserrer le cours du fleuve, et non pas s'opposer comme une muraille à l'écoulement des eaux douces.

Le deuxième point intéressant est que l'Adour, ayant cherché une issue vers le Sud, vient « s'appuyer sur les premiers rochers de Biarritz », et que là il est bloqué et réduit à l'impuissance : il faut l'aide de l'homme pour lui rouvrir un passage. La différence provient pour partie du régime des sables. Au Maroc, les oueds ont un débit assez soutenu pour maintenir leur chenal libre ; il en résulte que l'estuaire reste toujours assez ouvert au jeu de la marée pour que celle-ci vienne au jusant, aider le cours d'eau à conserver son lit, le fleuve reste toujours appuyé aux rochers de sa rive droite. Puis l'attaque du fleuve par les sables se fait progressivement et latéralement ; tandis que l'Adour est à régime torrentiel et que la marée, au lieu de l'aider, lui apporte les sables qui se déposent à la limite des eaux douces.

Les barres sous-marines.

Nous venons de voir quel est le rôle du débit liquide des fleuves marocains. Ils ont aussi, avons-nous dit, un débit solide; aucun cours d'eau n'en est exempt. Ils transportent dans leur courant des matériaux légers en suspension, et des graviers plus lourds, roulant sur le fond. Ce débit solide a été soupçonné d'être un des éléments dans la constitution des barres sous-marines.

On désigne en France sous le nom de barre des objets bien différents. *La barre de la côte d'Afrique*, d'une façon générale, est l'endroit où la lame déferle, ou bien cette lame elle-même, sur une place quelconque sans qu'il y ait embouchure. Nous avons vu précédemment à quoi l'attribuer : la mer, rasant le continent africain à la profondeur où ses lames peuvent agir, avance ainsi peu à peu sur une plaine sous-marine située à 10 ou 12 mètres sous la surface des eaux. La vague y déferle d'une façon continue. Etant sur le fleuve Sebou, je l'ai entendue à une distance qui était de 26 kilomètres en ligne droite!

Mais la véritable barre dont nous voulons parler est un haut fond qui barre l'entrée d'un fleuve.

Nous ne pouvons pas donner ici les cartes des barres que nous avons étudiées, mais un croquis suffira pour en comprendre le dispositif : Un banc sous-marin, suite naturelle de l'éperon sablonneux qui forme la rive Nord, prolonge celle-ci jusqu'à venir toucher la rive Sud. Ce banc est à peu près au niveau des grandes basses mers en général; parfois, à quelques décimètres au-dessous, il présente un petit chenal, mais qui ne peut être utilisé parce qu'il est très oblique à la lame et entouré de brisants, quand il n'est pas « brisant » lui-même.

Quelle que soit la provenance de ces matériaux, on sait aujourd'hui d'une façon à peu près certaine pourquoi ils peuvent se déposer à cet endroit. Il y a là une action purement physique : la rencontre du courant d'eau douce et du jeu des lames produit une zone où leurs vitesses se neutralisent partiellement; il en résulte un calme relatif qui permet aux matériaux, soit fluviaux, soit marins, de séjourner là quelque temps avant d'être emportés.

Il nous reste à étudier l'origine de ces apports.

Trois hypothèses se présentent :

1° Ces sables peuvent être apportés directement du large ;

2° Ils peuvent provenir de la rivière ;

3° Ils peuvent être enlevés au cap sableux de la rive Nord simultanément par le fleuve et le courant côtier.

1° Les sables proviennent-ils du large?

C'est possible, mais en très faible quantité, à mon avis; il se peut que la zone calme produite ici par le heurt du courant fluvial dans la masse salée soit précisément une de celles dont j'ai parlé plus haut, lors de la formation des dépôts sableux. Mais ils auraient donc été entraînés par la mer assez loin de leur lieu d'origine. Le sable, en effet, provient d'une falaise et marche du Nord au Sud. Or, toute embouchure du fleuve est comprise entre une côte de dunes au Nord et une côte de falaises au Sud. Cela résulte de la translation des estuaires que j'ai exposée plus haut.

Je suis porté à croire que les sables, d'un grain relativement assez gros, quittent peu le littoral et se redéposent non loin de leur lieu de formation.

2° Viennent-ils du fleuve? C'est encore bien moins probable. L'exemple suivant, fourni par le Sebou, semble l'indiquer; j'ai étudié particulièrement les deux cents derniers kilomètres de son cours et en publierai prochainement les résultats.

Or, au point de vue qui nous occupe, nous pouvons distinguer simplement deux sections : la section amont, lit relativement étroit et profond, a fourni uniformément à la sonde de la vase molle qui donnait en séchant une véritable cendre jaune impalpable ; le plomb de sonde y entrait tout entier, avec parfois un décimètre de ligne, et sur les berges nous enfoncions jusqu'à mi-jambe. Ces dépôts étaient donc constitués de parcelles extrêmement ténues et légères. Mais un certain jour j'ai *échoué au milieu du fleuve*, et en descendant à l'eau pour renflouer le canot, j'ai trouvé un banc de *sable dur et grossier;* ce symptôme, joint à plusieurs autres, fournis notamment par les berges et le courant, m'a conduit à observer, dès le campement suivant, le niveau du fleuve : j'ai trouvé des oscillations journalières de quelques centimètres. Ce banc marquait donc l'origine de la zone maritime ou du moins du remous des eaux douces. Cette seconde section a fourni les mêmes caractères d'une façon permanente : *dépôts de sable dur et grossier.*

Les sables plus lourds se trouvent donc dans le Sebou *en aval des vases fines*, et dans une zone plus calme puisqu'elle est soumise à un courant de flux annihilant périodiquement le courant du fleuve. Si l'on ajoute à cela la coïncidence de leur apparition avec l'extrême limite de salure des eaux, on est amené à croire que les sables ont été enlevés aux rives de l'estuaire et à la barre elle-même par la marée qui y entre. C'est donc l'embouchure qui ensable le fleuve et non ce dernier qui forme la barre. On constate enfin de plus que cette barre est généralement allongée en travers du courant liquide. Or les dépôts produits par un courant sont toujours allongés dans le sens de ce courant, comme les dunes dans le lit du vent.

3° *Il n'y a donc qu'une cause sérieuse de la présence de la barre;* elle est le prolongement

naturel et logique de la dune qui borde le fleuve
au Nord. Celle-ci se déplace, nous savons de quelle
façon : ce sont les grains de sable du sommet qui
tombent au pied. Pour cette dune extrême, ils
tombent à la mer ou au fleuve. Il se forme ainsi
autour de cette dernière dune, à la pointe du cap,
un banc sous-marin qui s'étend au large à une
certaine distance (le talus naturel du sable sec est
à la pente de 55 à 60° sur l'horizontale; mais
celui du sable mouillé n'est plus qu'à 10° environ).

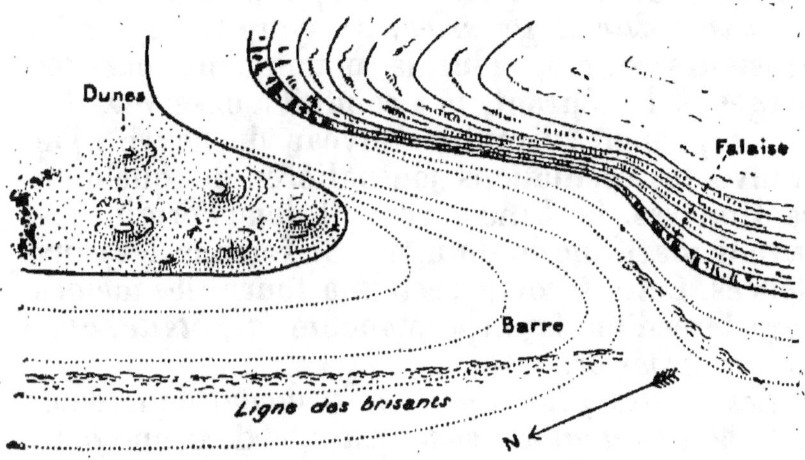

Plan schématique d'une barre de fleuve

C'est ce cap sablonneux de la rive droite qui,
serré, effilé, sucé en un mot entre le courant fluvial et le courant côtier, s'allonge jusqu'à attein-
dre l'autre rive.

*La barre est donc liée d'une façon complète au
phénomène de la marche des dunes vers le Sud;
ses causes sont aériennes et terrestres beaucoup
plus que marines ou fluviales, elle est la suite
naturelle et même la dernière forme du courant
sableux que le vent du Nord entraîne le long du
littoral.*

La fixation des dunes.

Nous n'avons étudié jusqu'ici que la dune mobile, vivante ; sa naissance, sa croissance et sa dispersion, jusqu'à sa résurrection ; mais il y en a qui ne parcourent pas le cycle complet, ou du moins parcourent un cycle différent. Ce sont les *dunes fixées*.

La fixation artificielle a été étudiée par Brémontier. C'est à lui que la population des Landes doit ses belles forêts de sapin actuelles. Il a donné un plan détaillé de la marche à suivre, de l'ordre des cultures et du prix de revient. Malheureusement, ces résultats ne sont pas applicables au Maroc ; l` différence de climat est trop grande ; d'ailleurs . pin maritime, base de la fixation dans les Landes, ne pourrait réussir, simplement à cause de la nature calcaire des sables. On n'a pu l'acclimater en Normandie, où les dunes sont calcaires, pour cette raison, et il a fallu avoir recours aux légumineuses et aux céréales.

La question est déjà posée à Tanger, où certaines propriétés sont envahies ; elle reste entière jusqu'à présent.

Mais il existe une fixation naturelle, soit du fait de la végétation, soit par une pétrification.

Considérons en effet les dunes aux environs de Mogador. En arrière du cordon littoral mouvant se trouve une autre ligne de collines, de formation récente, et l'on pourrait même dire actuelle. Sur ces hauteurs sablonneuses, où commence à pousser quelque végétation, le sable est presque entièrement fixé ; les racines de harrar et de retem courent à fleur de sol, retenant par tout leur chevelu le sol encore mobile. Par quel motif la végétation a-t-elle pris ici de préférence ? Nous ne le chercherons pas : on pourrait dire que c'est l'altitude qui en est cause, mais ce serait simplement déplacer la question.

Le fait intéressant est que cette fixation végétale du sol est immédiatement accompagnée d'une pétrification que j'ai pu surprendre sur le vif aux divers états de son avancement.

1° Les branches mortes, enfouies sous quelques centimètres de sable, se minéralisent et se présentent sous un aspect analogue à celui de toutes les matières fossilifiées. Quels sont les facteurs qui ont agi ? Ce sont ceux de toutes les pétrifications, réunis ici par la nature :

Il y a du calcaire en abondance ; le sable en est uniquement composé ; les premiers êtres vivants que l'on y trouve sont des gastéropodes en immense quantité. Les coquilles vides font parfois un véritable effet de neige sur le sable.

Il est probable que les pluies d'hiver, fortement chargées d'acide carbonique, comme cela arrive pour l'air, d'une façon générale dans le voisinage de la mer, dissolvent un peu de ces calcaires ; l'eau ainsi chargée de carbonate soluble pénètre dans le sol et imprègne les branches mortes ; la matière organique de ces détritus agit alors comme réductrice et libère la chaux. Il y a là, sans doute, une de ces réactions dues à des microbes aérobies, qui se passent aux limites indécises de la chimie organique et de la biologie, et dont la nature fournit des milliers d'exemples.

Le résultat est la fossilisation des branches mortes enfouies.

2° Il y a bientôt un second stade de pétrification plus important, car il englobe toute la croûte superficielle, et se passe de l'aide de la végétation. Nous croyons, en effet, que la pétrification de la dune se poursuit à l'air libre, sans même l'intermédiaire de la vie végétale connue. L'action combinée de l'air, de l'eau, de l'acide carbonique et du calcaire superficiel, produit des infiltrations fossilifiantes ou pétrifiantes, qui agglomère les sables et en fait un grès à ciment calcaire.

Ces agents pétrifiants, pris dans léur ensemble, ont un pouvoir agglomérant limité annuellement; de même, en chaque point du littoral, la couche de sable apportée chaque année a une certaine épaisseur, sensiblement la même, pendant une

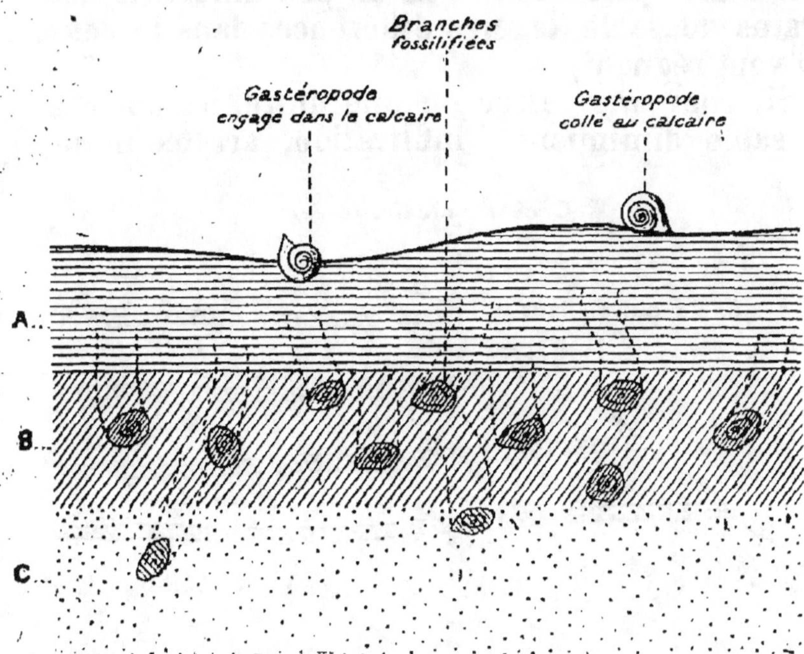

Coupe schématique de dune fixée

période d'une certaine durée — le rapport de ces deux quantités reste donc constant pendant des époques assez longues, — et, suivant sa valeur, il donne à la fixation de la dune un aspect différent. Si les agents atmosphériques sont en quantité voulue pour saturer de *fixateur* la couche annuelle des sables, la dune continue à s'élever par assises régulières, solidifiées à l'air libre dans l'hiver qui suit leur dépôt; on a un grès calcaire compact, présentant des traces de stratification que l'on reconnaît à une orientation un peu différente des grains de sable (légères différences dans le sens du vent régnant).

Si, pour une raison ou une autre, les apports de sable diminuent, l'infiltration, arrêtée natu-

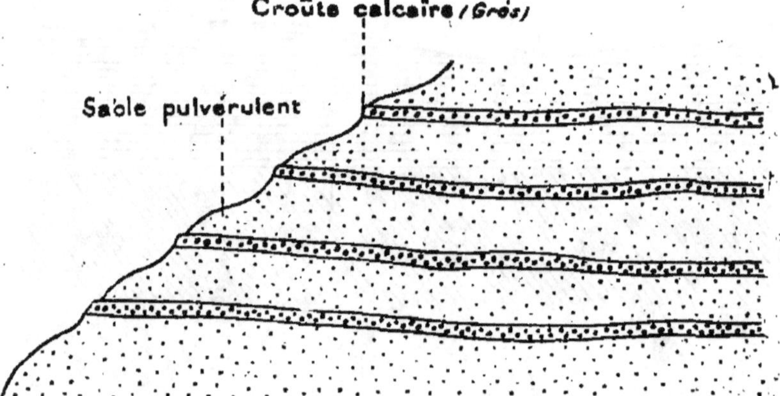

Coupe schématique d'une dune

rellement par les couches déjà formées, se dépose, et l'évaporation de l'eau laisse à la surface du sol des couches calcaires superposées, extrêmement minces, qui couvrent comme d'un revêtement les sables agglomérés sous-jacents.

Sur l'île Mogador, en particulier, on voit dans une petite coupe géologique, au sommet d'une falaise de l'Ouest, ces différents états, d'une manière probante. A une trentaine de centimètres de profondeur, on trouve un sable à peine aggloméré, très friable, dont les parcelles ne sont reliées

que par de très faibles quantités de ciment calcaire. Cela correspond à une période où les apports
sableux étaient trop abondants pour les agents
fixateurs. Quelques branches pétrifiées y plongent:
elles ont servi de chemin plus facile aux eaux plu-
viales, chargées de carbonate de chaux et, par le
mécanisme décrit plus haut, acquis plus de calcaire et par suite de dureté que les sables qui les
entourent. En remontant vers la surface, on constate que le terrain devient plus dur ; il se présente sous la forme d'un grès compact où les branches fossilifiées s'enchevêtrent plus nombreuses.
A 5 centimètres de la surface, il est parfaitement
aggloméré ; les branches se noient, de moins en
moins distinctes dans la masse, et la coupe se
termine par une couche parfaitement homogène
de calcaire de précipitation. Cette dernière couche,
ainsi que le haut de la précédente, contiennent de
nombreuses coquilles de gastéropodes actuels ; et
enfin, témoin probant que le couronnement de
cette œuvre est bien de l'époque actuelle et se
poursuit tous les jours devant nous, *à l'air libre*,
quelques-unes des *fragiles coquilles* qui jonchent
le sol, *encore intactes* et par conséquent récentes,
commencent à adhérer un peu au calcaire, tandis que d'autres, déjà à demi engagées, montrent
d'une façon nette le sort des premières.

Enfin, si la proportion est inverse, les sables
beaucoup trop abondants pour la quantité de
fixateur annuel et si en même temps les deux sai-
sons, l'une sablante, l'autre fixante, sont bien
délimitées, on trouve la coupe suivante, relevée à
Moulaye Bou-Selham :

Des couches de sable, absolument mobiles,
de 5 à 10 centimètres d'épaisseur, séparées par
une mince croûte de sable agglutiné, d'un demi-
centimètre environ ; cette croûte mince craquait
sous les pas comme la glace dans les mares un
jour d'hiver.

Peut-être suis-je ici en contradiction, très légère d'ailleurs, avec des savants qui ont étudié cette croûte calcaire du Nord africain.

M. Doutté me disait, au cours d'une conversation que nous avions à Casablanca à la fin de 1906, que, selon certains auteurs, le dépôt calcaire se produirait lorsque les eaux du sous-sol, pompées par le soleil, remontent à la surface, chargées de calcaire. Je crois que la dissolution et l'entraînement du calcaire se font à la surface, même sans ce petit voyage souterrain, ou du moins pendant l'infiltration. La différence d'opinion ne porte donc que sur le temps écoulé entre la pluie et l'évaporation. Je suis confirmé dans ma manière de voir par l'exemple suivant, que je crois probant dans l'espèce tout au moins.

Chez le caïd Si Aïssa ben Omar, il existe dans une cour de nombreuses ouvertures circulaires de silos qui, par suite de la pente de cette cour, ont donc un côté haut et un côté bas. Les eaux de pluie ruissellent dans la cour et tombent dans les silos naturellement par le côté haut ; or cette partie de l'ouverture est tapissée de la fameuse croûte calcaire, qui pend même en stalactites dans le conduit, tandis que le côté bas, qui n'est pas soumis au ruissellement, est encore net. Ces silos, remontant à dix ans, donnent en même temps une idée de la rapidité de formation de cette croûte.

Résumé.

Ainsi se constitue, derrière le rideau mouvant et fragile des sables, un rempart qui s'opposera plus tard à la mer. Tandis qu'une ligne de collines, réduite parfois aux « îlots de falaise » que nous avons décrits, lutte encore contre le flot, reculant mètre par mètre et laissant derrière elle ces hauts fonds rocheux qui rendent la côte si dangereuse, elle protège l'édification et la solidification en arrière d'une autre chaîne qui lui succédera.

Les matériaux qui composent cette dernière sont eux-mêmes des *vaincus* venus du Nord et chassés par le vent après avoir été désagrégés par la lame.

Ainsi les dunes en marche, qui entraînent avec elles les embouchures des fleuves et par suite presque les villes ; les barres sous-marines qui ne sont que des dunes submergées ; tous ces sables mobiles qui semblent le jouet des éléments ne sont qu'une forme passagère et instable du continent africain, qui, détruit par les flots, se reconstitue plus au Sud pour résister de nouveau.

———

BIBLIOGRAPHIE

Mémoire de Brémontier. An V de la République.
Etude de la barre du Sénégal, par M. Bouquet de la Grye, 1886.
Etude sur l'établissement et l'entretien des ports en plage de sable, par M. Eyriaud des Vergnes, 1889.
Minutes of Proceeding of the Institution of Civil Engineers (vol. CXLII) (Vernon Harcourt).
Fixation des dunes, par Lefort, 1831.
Etude des dunes du Sahara, par Clavenad, 1881.
Mémoires et récits de voyage au Sahara de Vatonne, Duveyrier, Général de Colomb, René Caillié, général Colonieu et Ville.
Lettres du maréchal des logis Pobeguin (Mission Flatters).
Cours de MM. Quinette de Rochemont et Nivoit (Ecole des Ponts et Chaussées, 1901-1905).

LE FLEUVE SEBOU

DANS SA PLAINE D'ALLUVIONS

La plaine du Sebou est limitée au Nord par les faibles hauteurs de Dar-el-Khereisi, à l'Est par les derniers contreforts des massifs d'Ouezzan, au Sud par la forêt de Mamora et à l'Ouest par une chaîne de hauteurs côtières, dunes mobiles ou fixées suivant un mode que j'ai déjà décrit dans le précédent numéro du Bulletin.

Le fleuve entre en plaine un peu avant le Mechraa-bel-Kçiri; c'est le gué, ou plutôt le passage où on le traverse en allant de Larache à Fez. Son cours se termine dans l'Atlantique par l'estuaire de Mehediya.

La plaine du Sebou.

Cette plaine est, à première vue, absolument plate (non pas horizontale). Les quelques accidents qu'elle renferme s'aperçoivent à la distance théorique de la visibilité, comme les navires en mer; ce sont, en plus du cadre de l'horizon, énuméré plus haut : la petite butte de Sidi-Liyazid, située à un kilomètre au Sud de Dar-Ouled-Daouïa, la butte des Ouled-Hammed, cimetière couronné d'une touffe de kseb (roseaux), et les collines de Sidi-Ali-Bou-Jenoun.

Ces deux premières buttes ont été élevées de main d'homme à une époque inconnue, pour se mettre à l'abri des inondations; elles sont cimetières, lieux de refuge et garennes à lapins. Je n'ai pas vu d'assez près les collines de Sidi-Ali-

Bou-Jenoun, mais elles ont été visitées par Tissot. Il faut joindre à cela la porte de garde du chérif Meknaça et le splendide tombeau de Sidi Mohammed el Ahmer, le plus beau des cénotaphes ruraux que j'aie vus, enfin quelques arbres élevés et remarquables par leur rareté ; le palmier de Dar-Ouled-Daouïa, l'arbre géant de l'azib du qaïd Ed Gueddari, et le palmier de Tenaja, en aval. Tels sont, en somme, les seuls repères qui émergent au-dessus de la sayane de verdure et guident les caravanes.

La plaine du Sebou est une plaine d'alluvions, argileuses, de couleur rouge, rarement grisâtre. Ces alluvions forment, quand elles sont mouillées, une vase fluide. Elles constituent à la fin de l'été un sol crevassé de nombreuses fentes ; enfin, une motte écrasée dans la main donne une cendre impalpable sans résidu sableux. C'est une marne à peu près pure, amenée de la montagne par les eaux du fleuve. Celles-ci sont, en effet, extrêmement limoneuses (on pourrait presque dire bourbeuses). On ne voit pas une pièce d'argent dans le creux de la main pleine d'eau. C'est ce *débit solide* qui, déposé sur le sol aux époques des anciennes crues, a constitué peu à peu la plaine du Sebou et en fait la fertilité.

Le sol de la plaine elle-même offre un aspect légèrement variable, suivant les régions, et la végétation change, intimement liée au régime de la terre. Si nous coupons la plaine du N.-O. au S.-E. par exemple en partant de la mer, nous traversons d'abord les collines bordure de mer, sable et terre rouge (h'amra) ; végétaux caractéristiques : asphodèle et palmier nain ; traversée 2 kilomètres, altitude 50 à 60 mètres. On descend ensuite dans la merja Ras-ed-Dora, lagune sans profondeur, au niveau de la basse mer, encombrée de joncs et de roseaux ; puis on traverse la zone que la merja couvre fréquemment en hiver, dans la saison des pluies ; terre noire ; végétaux caractéristiques : petites touffes de joncs isolées.

Ensuite l'on atteint la région exceptionnellement inondée, mais souvent mouillée, terre grise noirâtre, océan de chardons desséchés (en novembre). Cette région est sillonnée, non pas d'affluents, mais de lits d'écoulements d'eau, pistes rectilignes boueuses, plus basses de quelques centimètres que le reste du sol, et qui font des trouées dans le champ des chardons comme le passage d'une faucheuse mécanique ; enfin le vrai sol d'alluvions, gris, couvert de graminées et de feuilles de riarni ; et l'on atteint le fleuve.

Il est à remarquer que depuis la merja Ras-ed-Dora, l'on monte jusqu'au fleuve, et que les rives même en sont fréquemment surélevées (parfois d'un mètre) par un sillon de 20 à 30 mètres de large.

La raison de ce fait est assez simple : quand, avant la crue, les eaux coulent dans le lit du fleuve, elles sont chargées de limon au maximum, d'autant plus que le courant est rapide ; vienne le moment du débordement, aussitôt sorties du lit du fleuve, elles s'étendent en nappe calme, ne peuvent plus porter le limon qu'elles contiennent, le déposent presque au sortir du fleuve. A mesure que la crue s'étend dans la campagne, l'eau plus pure laisse moins d'apports sur le sol et dépose une vase de plus en plus fine. Le fleuve a donc tracé son lit en le limitant de berges un peu plus élevées que le reste de la plaine ; c'est d'ailleurs là une théorie fort connue. Les bouches du Mississipi se prolongent fort loin en mer, séparées des flots par deux digues de sable que le fleuve apporte, allonge et répare ; il en est de même des faux bras du Rhône sur le littoral de la Camargue. Mais le fait n'avait pas été, à ma connaissance, signalé dans une plaine au lieu de la mer.

De plus, lorsque l'on étudie les falaises des deux rives du fleuve, on trouve dans toute la longueur qu'une bande de terre noire apparaît dans la coupe, tranchant nettement sur la muraille grise des alluvions; elle est à 4 mètres du sol au Mechraa-bel-Kçiri, à 2 mètres au coude Nord de Bou-Ayyad,

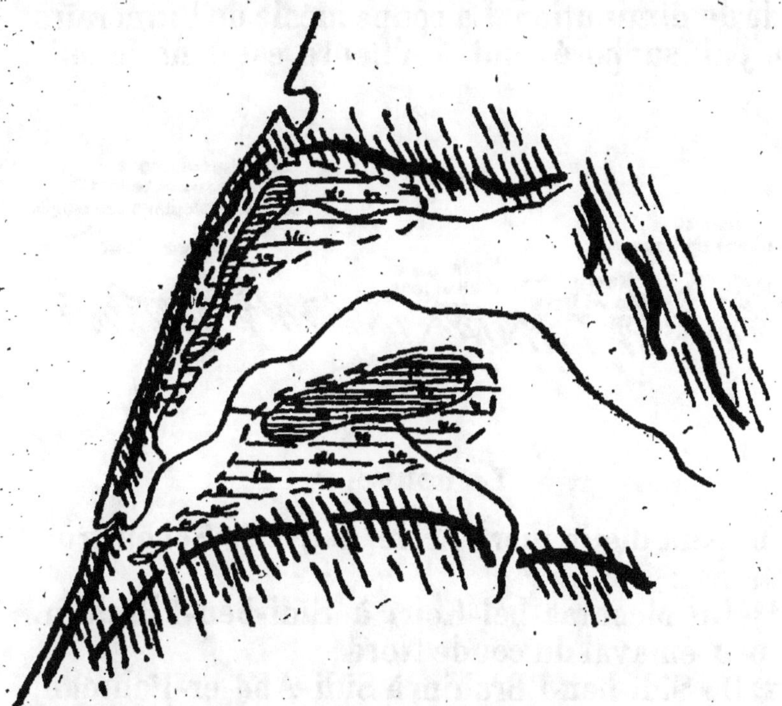

Schéma de la plaine du Seboû.

à 50 centimètres à Sidi-Mohammed-ben-Yo, et enfin elle vient affleurer à Sidi-Assal, à côté de l'émissaire de Ras-ed-Dora. Il y a donc là un ancien fond de marais s'étendant sous toute la plaine, et qui vient affleurer à la merja Ras-ed-Dora.

A une époque relativement récente, le Sebou ne coulait donc pas là. Une immense merja, dont celle des Beni-Hassen et le Ras-ed-Dora sont les restes, s'étendait dans l'espace que j'ai déjà défini plus haut, la plaine du Sebou, et ce n'était pas un golfe, puisque la trace qui nous en reste est précisément une bande de terre végétale.

Depuis lors, le fleuve a pris son cours dans cette région et apporte avec lui de la *terre ferme*. Il a coupé en deux l'ancienne merja et refoule actuellement les deux morceaux Ras-ed-Dora et Merja des Beni-Hassen, qui doivent être dans une période de diminution. La coupe idéale de l'itinéraire que j'ai supposé tout à l'heure est donc la suivante :

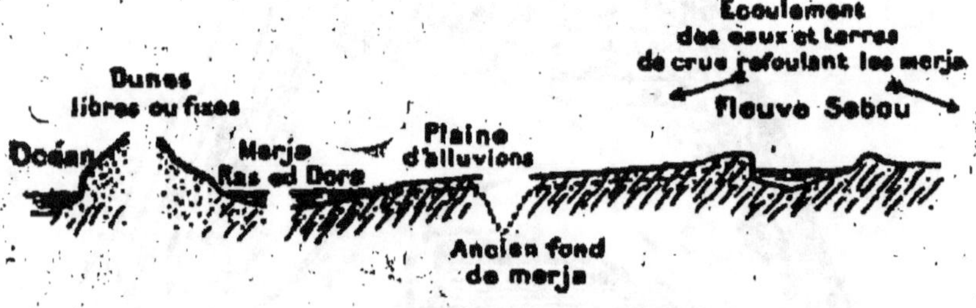

Le fleuve.

On peut distinguer sur le fleuve le Sebou trois sections :

1° Du Mechraa-bel-Kçiri à Sidi-ben-l'Brahim, un peu en aval du coude Nord ;

2° De Sidi-ben-l'Brahim à Sidi-Abd-er-Rahman ;

3° De Sidi-Abd-er-Rahman à l'estuaire.

Si l'on veut les caractériser d'un mot, nous dirons que, dans la première, le fleuve se ressent encore de ses origines montagnardes : c'est un torrent assagi. Dans la deuxième, c'est le parfait fleuve de plaine. Dans la troisième, il subit les influences de la marée. Et si l'on étudie chacune de ces sections avec soin, on trouve qu'elles ont des caractères très différents et d'une constance remarquable dans chacune.

Je rappellerai ici pour mémoire les caractéristiques bien connues de tout fleuve en plaine : élargissement du lit aux coudes, transport du chenal toujours vers la berge concave, seuils ou moindres profondeurs au milieu des lignes droites, etc.

Première section. — A l'origine de la première section, le Sebou a 80 mètres de large dans les lignes droites et ses berges sont hautes de 12 mètres. A la fin de la section il atteint 180 mètres et ses berges n'ont plus que 7 mètres de haut. Son cours est relativement peu sinueux ; on peut observer sur la carte que les courbes qu'il forme sont moins fermées que le demi-cercle. Son courant a une vitesse moyenne de 3 à 4 kilomètres.

Les deux caractéristiques principales que nous considérons dans chaque section sont : la répartition des profondeurs et la disposition du lit de crue, soit, dans l'ensemble, le profil en travers du fleuve. La profondeur moyenne du chenal dans une ligne droite de cette section est de 3 mètres

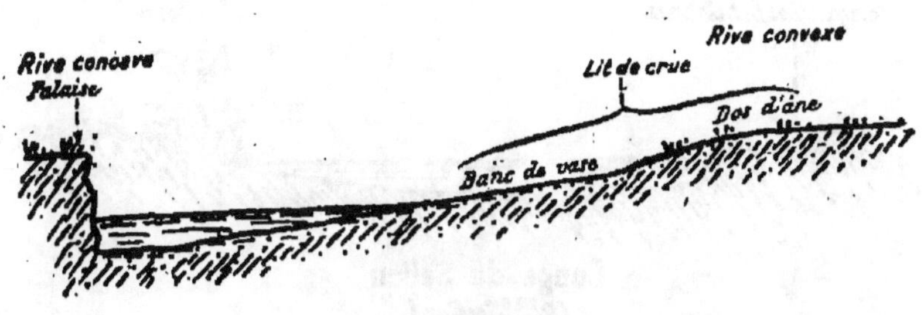

Coupe du Sebou
(1re Section)

à 3 m. 50. Il n'y a pas de seuils, les profondeurs les plus petites du chenal sont de 2 m. 50. Quant aux profondeurs les plus grandes, elles sont fréquemment de 8 à 10 mètres, exceptionnellement de 12. Sa profondeur habituelle dans les coudes est 6 mètres. Le chenal se tient à 10 mètres de la berge concave et traverse sans se perdre dans les lignes droites. Enfin les rives présentent les caractères suivants : en falaise à pic du côté concave, avec le chenal à son pied ; en pente très douce, avec un banc de vase la prolongeant du côté convexe l'ensemble donne les croquis ci-joints.

Le lit de crue est donc toujours à la berge convexe qui présente une pente douce sur laquelle se fait le débordement des eaux.

Deuxième section. — La largeur moyenne du fleuve atteint bientôt 150 mètres pour être de 200 à la fin de la section, les berges diminuent toujours de hauteur. Elles n'auront guère plus de 3 mètres aux environs de Sidi-Abd-er-Rahman. Le cours devient très sinueux, certaine boucle de 6 kilomètres de développement étrangle un isthme de 200 mètres. Le courant diminue à 2 et 1 kilomètre, les fonds diminuent également; le maximum n'est plus fréquemment que 1 m. 80 et cette profondeur se rencontre dans toute la traversée

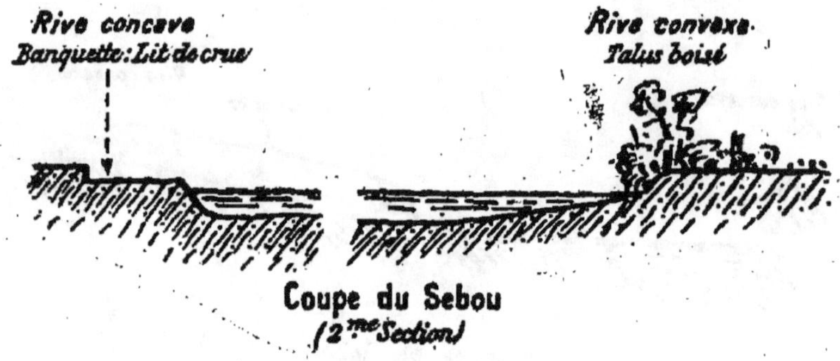

Coupe du Sebou
(2ᵐᵉ Section)

du fleuve dans une ligne droite. Le chenal dans les coudes est moins bien marqué et sa profondeur n'est souvent que 3 mètres; entre deux courbes il cesse d'être net puisqu'on a, comme je le disais, une même profondeur d'une rive à l'autre. Enfin les berges sont entièrement différentes; la berge concave présente bien la falaise, mais séparée de l'eau par une banquette horizontale boueuse qui a jusqu'à 30 mètres de large avec 0 m. 40 à 1 mètre de hauteur. La berge convexe est en dos d'âne très bombé et couvert de végétation. Le lit de crue est donc sur la berge concave.

Troisième section. — A Sidi-Abd-er-Rahman commence la zone non pas maritime, mais soumise à l'influence de la marée par suite du remous des eaux douces. L'oscillation y est de quelques centimètres. De ce fait, les caractères changent encore une fois complètement. La largeur atteint, puis dépasse 300 mètres. Les berges s'abaissent à 2 et 1 mètre. Le cours a un tracé plus inégal, parfois droit pendant 10 kilomètres, puis tour-

Coupe du Sebou
(3me Section)

nant brusquement. Le courant, nul pendant de longues heures, se dessine un peu au moment correspondant à la mer descendante. Quant aux fonds, ils deviennent très inégaux et le chenal vague entre les bancs de sable grossier apportés par la marée, sans suivre de loi régulière ; il sinue dans le lit du fleuve comme le fleuve lui-même dans la plaine. Les deux berges sont semblables, à pente assez douce, avec une petite falaise en haut.

Tout cet état du fleuve a été observé dans la saison dite sèche. Les eaux étaient certainement basses. Je les ai repérées facilement tout au long du cours de deux manières : par la hauteur de berge en un point donné, et par la distance à des lits de marne diversement colorés. Il n'y a pas en effet de points fixes naturels qui puissent servir d'échelle de crue.

Les crues, les affluents.

Quelles sont les crues habituelles de l'oued Sebou ? Je n'ai sur elles que peu de renseignements, mais le régime général du fleuve est connu. On sait qu'il s'accroît dans la saison des pluies, c'est-à-dire en décembre, janvier et février, et que pendant le reste de l'année, c'est la fonte des neiges de l'Atlas qui alimente son débit. C'est à cette particularité qu'il doit de n'être pas asséché en automne. En cette saison, son débit ne doit pas être loin de 100.000 mètres cubes à l'heure, soit 1.700 mètres cubes à la minute. Mais en hiver ? Des constatations jointes aux renseignements indigènes m'ont permis d'avoir quelques indices sur ces crues. Il ne fallait pas songer, à la fin de l'automne, à trouver sur les berges des traces remontant à l'hiver précédent, mais je vais étudier maintenant les affluents du fleuve, et cela nous mènera à quelques conclusions intéressantes.

Du Mechraa-bel-Kçiri à la mer, le Sebou ne reçoit pas d'affluents à proprement parler, mais la

Embouchure.
d'un „ghfeïra"
dans le Sebou.

plaine est parcourue par quelques fossés sinueux et vaseux qui servent d'écoulement en hiver aux eaux de pluie qu'elle reçoit et qui viennent finir soit dans les merja, soit dans l'oued ; les indigènes donnent à ces émissaires le nom spécial de ghfeïra (ce mot est local et ne se trouve pas dans l'arabe littéraire).

Tous ces ghfeïra viennent se terminer dans le fleuve à un niveau très supérieur aux basses eaux et il est certain qu'au moment où ils débitent, c'est-à-dire quand la plaine est inondée par la pluie, les eaux de l'oued atteignent au moins le niveau de leur lit, sans quoi celui-ci se serait raviné plus bas. Exemple : un de ces ghfeïra vient aboutir en aval et près de Sidi-Mohammed-ben-Yo (rive droite) à un niveau de 1 m. 50 au-dessous de la plaine. C'est donc que les eaux du fleuve l'atteignent au moins en hiver.

D'autre part, les douars de la région ne sont nullement défendus contre l'inondation et n'ont aucun refuge ; et les indigènes affirment catégoriquement que l'oued ne déborde plus.

Plus en aval, à Sidi-Mohamed-ben-Ayyach, ils m'ont dit que la dernière inondation remontait approximativement à six ans (soit en 1900), mais comme nous sommes là dans la région maritime, elle pouvait être due à la coïncidence d'une crue et d'un raz de marée provoqué par le vent d'Ouest (il y aurait eu des noyés, c'est donc assez exceptionnel). Il semble donc que, dans la période actuelle, le fleuve ne déborde plus fréquemment. Je serais heureux d'ailleurs d'avoir des renseignements précis, même et surtout contradictoires, à ce sujet. J'admets néanmoins pour le moment que l'oued suffit à écouler sans débordement les eaux qu'il reçoit.

Mais il y a un autre élément d'inondation de la plaine à envisager. Ce sont les deux merja rive droite et rive gauche. Comme je l'ai démontré plus haut, ce sont les deux gouttières d'un toit dont le fleuve occupe la ligne de faîte. Les eaux tombées dans la plaine, en abondance (50 à 60 centimètres par hiver), vont en grande majorité dans les merja, mais celles-ci n'ont aucune réserve de capacité, et le moindre accroissement de volume les force à s'étendre à perte de vue dans la plaine, *vers le fleuve ;* c'est d'elles que proviennent les inondations périodiques qui n'atteignent pas les rives de l'oued. Celles-ci restent ainsi le *refuge* des populations. Voyons, par exemple, la merja Ras-ed-Dora (rive droite). Elle reçoit par l'oued Segmet (ou Mda) non seulement les eaux de la plaine, mais tout le bassin versant des montagnes d'Ouezzan. L'oued Segmet a au gué d'Oujajna 40 mètres de large et 4 mètres de creux. Or le ghfeïra, qui déverse la merja dans le Sebou à Sidi-Assal, n'a que 2 mètres de large et 1 mètre de creux ! On voit donc que la merja sert d'accumulateur de toutes les eaux qu'elle reçoit, se dilate en conséquence dans la plaine et ne les reverse que lentement par son émissaire à l'oued Sebou.

Il en est de même sur la rive gauche. L'oued Bhet, que tous les voyageurs ont vu au Mechraa-er-Remla dans la région de Lalla-Ito, porte à cet endroit les eaux du massif des Zemmour vers la merja des Beni-Hassen. Il ressort de la merja ensuite sous le nom de Bheïta et vient se jeter dans le Sebou à Tenaja, confluent que je faillis ne pas avoir le plaisir de voir par suite de l'imprudence d'un tireur indigène (on ne devrait pas laisser de fusils dans les mains de gens aussi maladroits).

Théorie du régime du fleuve.

Il reste, pour terminer cette étude, à expliquer le régime du fleuve et les caractéristiques de ses différentes sections.

D'abord la diminution des profondeurs vers l'aval. Le graphique ci-joint le fait comprendre : par les nombreux ghfeïra qu'il reçoit, l'oued débite évidemment en hiver une partie des eaux de la plaine ; en chaque point passe donc un débit de plus en plus considérable si l'on se place vers l'aval et on peut les représenter par une courbe quelconque croissante vers l'embouchure. Le lit du

fleuve se conforme naturellement aux crues habituelles et s'élargit aux embouchures, d'où la
courbe largeur du lit. Mais en été le débit du
fleuve vient uniquement de la montagne; il est
constant d'un bout à l'autre dans la plaine. Il

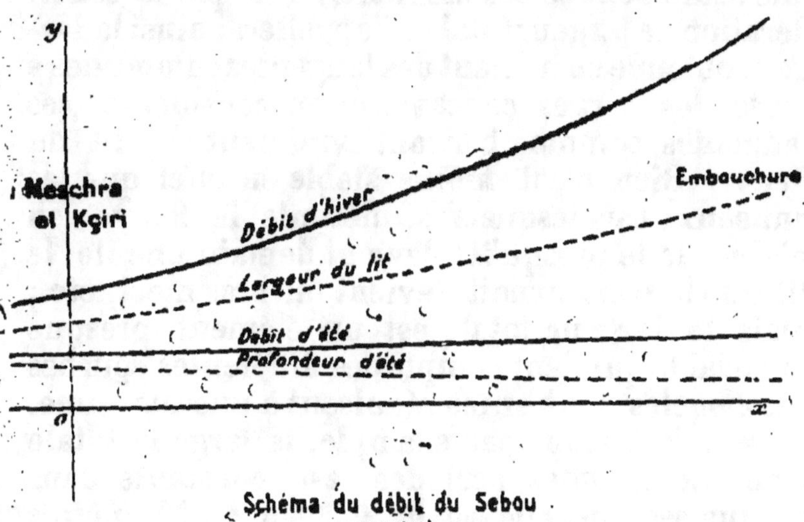

Schéma du débit du Sebou

s'ensuit que sa valeur relative au lit est de plus en
plus faible, d'où la diminution des profondeurs.
   Quant au profil, en travers du fleuve, il s'ex-
plique également bien. Dans la section amont, le
courant, plus violent à cause du voisinage de la
montagne, creuse davantage la plaine et dans les
coudes il attaque la berge concave sur toute la
hauteur. La crue ne peut s'étendre sur le côté
concave, car les éboulements de la berge ont lieu
jusqu'au fond. En aval, au contraire, le courant de
crue, moins violent, se localise, n'attaque que le
haut de la berge et laisse subsister au niveau
inférieur cette grande banquette sur laquelle il
s'étend.
   Pour terminer, je parlerai d'un élément nouveau
qui, je crois, pourrait être d'un examen intéressant
dans l'étude des fleuves de plaine.
   On a donné des règles, assez vagues d'ailleurs,

sur leurs courbes : elles augmentent de rayon vers l'embouchure, etc. On a remarqué à ce sujet des coïncidences entre certains fleuves, on a constaté une moyenne hors de laquelle ils ne s'écartent pas, etc... Or, il y a un moyen de rassembler dans une seule donnée ces éléments, c'est par la considération de largeur totale : j'appellerai ainsi la largeur obtenue en menant des tangentes communes à toutes les berges concaves et en considérant ces tangentes comme bornant vraiment le lit du fleuve. Rien n'est moins stable en effet que les anneaux par lesquels se déroule le fleuve en plaine; telle presqu'île devient demain une île; le lit qui la contournait devient un bras mort, etc.; mais la largeur totale est un élément presque invariable qui tient compte des différentes courbes des boucles, tout en les réduisant à une moyenne.

Dans le Sebou, par exemple, la largeur totale pour de grandes périodes est constante dans chaque section; elle est de 1.200 à 1.500 mètres pour la première section, de 3 km. 100 pour la seconde; dans la troisième, elle est de 2 km. 5 à l'amont et 4 kilomètres en aval.

Il y a dans chaque section d'un fleuve en plaine un rapport direct entre le régime des eaux, la pente, la nature du terrain traversé et la largeur totale (celle-ci déterminée par les autres éléments). Je compte traiter prochainement ce sujet peu marocain dans une revue spéciale; mais je tenais à le signaler ici, car c'est à l'étude du Sebou que j'en dois l'idée.

Enfin, voici quelques remarques sur certains aspects de la plaine du Sebou au voisinage de la côte. Partant du douar du chérif Meknaça, situé à 3 km. 750 et 86° Ouest du tombeau de Sidi Mohammed el Ahmer, un peu à l'Est de l'extrémité Nord de la merja Raz-ed-Dora, on rencontre, en se dirigeant vers la source Aïn-Felfel, une plaine légèrement mamelonnée (petites hauteurs de 5 à 15 mètres, terre rougeâtre, sous-sol calcaire). Cette région est semée de dépressions parfaitement circulaires bien caractérisées par leur niveau, un peu inférieur à la plaine, et l'humus noir qui les remplit. Leur diamètre varie de 50 à 500 mètres. Elles présentent tous les caractères d'effondrements katavothriques anciens qui auraient été comblés ensuite par les apports des eaux.

Un autre de ces cirques, le plus net peut-être, se trouve au bord de la merja, à 5 km. 250 du tombeau et 73° Ouest.

On pourrait penser que ce sont de simples fonds de marais, occupant des dépressions où se serait étendue autrefois la merja, mais leur forme circulaire très caractérisée, la petite différence de niveau (40 centimètres) presque verticale qui les sépare de la plaine, me portent à repousser cette hypothèse.

Une autre région beaucoup plus au Sud, que l'on rencontre en allant du tombeau de Sidi Mohammed el Mlih vers le minaret de Mançour el Baraoui, présente des caractères un peu analogues : ici, les cirques sont très petits, 2 mètres de diamètre environ, presque jointifs, séparés seulement par des sillons de 50 à 60 centimètres de large. Sa différence de niveau atteint parfois 50 centimètres et la marche, à pied ou à cheval, y est extrêmement pénible. J'ai parcouru au moins 3 kilomètres dans ce terrain, en suivant la direction donnée plus haut; on croirait que quelque géant a voulu découper dans la superficie du sol d'immenses pains à cacheter en en perdant le moins possible.

Je n'ai pas trouvé de cause à ce dispositif curieux; les effondrements mêmes, en l'état actuel des connaissances que l'on en a, ne semblent pas pouvoir le justifier. J'ai donné les indications suffisantes pour que d'autres puissent les retrouver.

CARNET DE ROUTE

DANS LA PLAINE DU SEBOU (1905)

(EXTRAITS)

15 novembre 1905. — Nous arrivons au douar du chérif en même temps qu'une troupe de danseuses arabes ambulantes; un grand escogriffe à cheval, le fusil en arrêt, accompagne ce sérail; quatre danseuses sur des bourricots, et une vieille femme poussant la mule de charge qui porte une tente en loques, une marmite et une bouilloire, le tout s'installe à côté de nous avec de petits rires d'écolières qui voient la campagne pour la première fois.

Le douar est peu important; il a été razzié dernièrement par les Beni Haçen, sur les bords du Sebou d'où il vient; le vieux chérif a perdu encore la semaine dernière 60 bœufs enlevés par eux; depuis lors il semble tout à fait atteint, et chaque fois qu'on lui demande quelque chose, renseignement, service, simple question futile, il répond invariablement en hochant la tête : « Je ne sais pas, ce n'est pas mon pays. » Et il montre le Sud d'un grand geste... Depuis qu'il n'a plus sa terre abandonnée là-bas dans le Sud aux pillards qui n'en feront rien, il a reporté toute son activité sur ses troupeaux, ses chevaux, qu'il a pu sauver, et demande toujours « s'ils ont bien bu ».

16 novembre. — Nos muletiers partent de grand matin, ayant réclamé leur dû. Aucune offre ne peut les décider à entrer chez les Beni Haçen, dans le « pays de la peur ».

17 novembre. — Toujours pas de bêtes. Il nous reste un cheval de selle, pour trois Européens et 1.500 kilos de bagages! Le chérif a refusé de nous en louer parce que nous allons chez les Beni Haçen. Il veut bien nous en prêter pour remonter dans le Nord; et nous offre pour adoucir son refus, un mouton, du sucre, de la bougie, du thé, accompagnés de son éternel refrain : « Je suis un pauvre homme, je ne suis plus dans mon pays... »

J'ai fait aujourd'hui un tour de reconnaissance aux environs, à la boussole. La plaine est verdoyante, comme la Beauce en avril; mais on sent la désolation; les places

d'anciens douars se remarquent partout, avec les cercles
des tentes et les trois pierres des foyers; des gens, dont
c'était le pays, ont déserté aussi eux, fuyant vers le Nord
devant les cavaliers sortis des marais du Sebou, et d'autres
fugitifs campent maintenant sur les ruines. Dans l'Est du
douar, deux monuments se détachent sur le ciel : la tour
des guetteurs et le tombeau de Sidi Mohammed el Aamer;
dans ce pays on ne construit d'édifices que pour la guerre
et les saints. Le premier est une sorte d'arc de triomphe en
briques, avec un escalier intérieur qui mène à la plate-

TRAVERSÉE D'UN OUED

forme crénelée. De là on voit la plaine à 40 kilomètres
dans le Sud. L'autre édifice est un splendide tombeau à
cinq coupoles. Il y a deux ans les Rharbaoua fugitifs y
avaient enfermé leurs biens les plus précieux, confiant leur
garde au saint, mais les Beni Haçen, qui n'ont que « leur
fusil pour sultan » et qui ont leurs saints sur la rive
gauche du fleuve, ne connaissent pas les marabouts d'ici.
Ils ont tout pillé, et les cinq coupoles ne sont pas tombées
sur la tête des sacrilèges... mais les narrateurs ajoutent
que beaucoup sont morts depuis!

En rentrant au camp, passé près d'un lavoir, la danseuse
de service y frappe à grands coups de talon le linge de
l'établissement, enveloppée d'un *grand voile noir* comme,

dans leur tcharchaf, des femmes turques; ce doit être une beauté du soir.

18 novembre. — J'ai vu hier rentrer les troupeaux du vieux; onze chameaux, quatre-vingts chevaux, quatre ou cinq cents bœufs, et six mille moutons ! S'il n'a pu emporter son pays, il a au moins sauvé les meubles !... Il refuse même pourtant de nous vendre quelques bêtes pour continuer.

Un homme des Beni Haçen vient d'arriver d'auprès de Salé; il vient nous rejoindre de la part du consul de Rabat, mais sans bêtes, et pourtant c'est désormais notre seule ressource; filer d'ici avec des mules du pays Beni Haçen. L'homme repart immédiatement pour Rabat avec le courrier. Hier on nous a promis trois chameaux; mais aujourd'hui ils sont trop petits, ou bien n'ont pas de bâts, etc. C'est une vraie coalition.

19 novembre. — On a amené hier soir au camp trois prisonniers, liés par un nœud coulant au cou; ils recevront la bastonnade : ainsi en a décidé le chérif ! Ce sont, paraît-il, trois de ses bergers qui vendaient de grosses brebis et les remplaçaient dans le troupeau par des bêtes à vil prix, pour faire le nombre : mais le vieux connaît ses ouailles... et leurs pasteurs.

Le rekkas allemand passe ici à dix heures ce matin, il vient du Nord et a été dévalisé par les O. Raffa; nous remplaçons son pain, qui lui a été pris, et y ajoutons vingt-cinq sous, car il nous apporte du courrier.

Un prétendu caïd nous promet de nous vendre des bêtes ou de nous en louer.

20 novembre. — Jamais nous ne pourrons partir d'ici et pourtant la saison des pluies avance. Espèrent-ils que nous abandonnerons nos bagages à leur pillage ? Maigre butin.

Les prisonniers ont passé la nuit sous une pluie battante attachés au même piquet que les chevaux du maître; le vieux chérif a en effet toujours trois splendides montures prêtes devant sa tente, pour fuir les pillards.

23 novembre. — Le convoi est prêt vers 10 heures et demie du matin; nous avons reçu des bêtes de Rabat, avec des muletiers Beni Haçen; la marche commence en file indienne, dans la prairie, vers l'Est, alors que notre route est au Sud-Est. Les guides expliquent que la plaine est détrempée et qu'il faut faire un détour pour ne pas s'embourber. A la vérité, on s'enlise tout de même... Mais l'espoir de nos indigènes est de nous entraîner vers Dar-Ouled-Daouïa, grosse bourgade où il y a un marché aujourd'hui ; ils réussissent à approcher à 500 mètres de ce paradis, mais inutilement. On reprend la marche au Sebou.

Le pays devient très peuplé, les douars sont nombreux
et importants et on laboure partout. L'attelage est fréquemment un bœuf et un cheval, ou deux bourriquots ou
même un bourriquots et un chameau ; l'homme tient de la
main gauche l'unique mancheron de la charrue et de la
droite des rênes en ficelle et un bâton ; avec ce bâton, il
excite ses bêtes et décrasse constamment le soc de son
instrument englué de terre grasse. Les sillons obtenus
ont habituellement 8 centimètres de profondeur et 15 de
largeur.

MISE A L'EAU DU CANOT DE TOILE

A 2 h. 45, nous avons déjà dû passer deux oueds fangeux et nous sommes en face de l'oued Mda, au douar
Oujajna ; les gens sont très hostiles, les enfants crient, les
poules s'enfuient, grand tumulte. On refuse de nous indiquer le gué ; mais comme un gué ne se met pas dans la
poche, nous remontons vers l'amont et quelques minutes
après, nous le reconnaissons aux traces laissées par les
bestiaux sur les berges. La traversée est lente et pénible à
cause des accès sur les rives qui sont fangeux et escarpés.
Quarante mètres de large ; de l'eau jusqu'au ventre.

Dans la campagne, les femmes ramassent du riarni : c'est
un tubercule ressemblant à un gros crosne, dont les
racines courent sous la prairie, en détachant de petites

feuilles en fer de lance, à plat sur le sol; sa préparation pour la nourriture est assez longue, comme le manioc; c'est un poison s'il n'est pas débarrassé du suc qu'il contient; on le lave à grande eau pour enlever la terre; puis il est cuit très longtemps dans de grandes jarres, et ensuite séché au soleil sur la toile des tentes, enfin réduit en farine sous la meule, et cuit en couscouss. Les douars, dans cette saison, semblent, à cause de ces racines, couverts de neige.

28 novembre. — Nous sommes arrivés hier soir au Mechraa el Kçiri, passage de la route de Larache à Fez, dans un douar de brigands, comme le sont tous les passeurs. Ceux-ci possèdent trois ou quatre grandes gabarres.

Ils nous imposent six gardiens de nuit, qui crient et chantent jusqu'au jour en venant de temps en temps me demander une cigarette. Pas d'incidents, malgré cette abondance de gardiens.

Ce matin, j'ai commencé avec un marin la descente du fleuve en canot de toile; c'est fini de la marche libre à cheval ou à pied dans la plaine immense. Je suis enfermé entre deux berges de glaise à pic, ou des bancs de vase sans fond, et entraîné par un courant insurmontable, jusqu'à la mer, j'espère.

28 au soir. — La descente se continue dans la nuit; vingt-cinq kilomètres de fleuve ont été couverts, relevés et et sondés, mais le convoi est perdu. On enlise le canot de façon qu'il ne bouge pas et à 10 heures du soir nous retrouvons nos gens riant et fumant dans un douar en aval. Le camp n'est pas monté, le feu pas allumé.

2 décembre. — Douar Zaïr : grand tumulte cette nuit. Les douars ont ici des cases en roseau, mobiles comme des ruches, nommées « kabossa ». Il paraît que celle qui nous servait de cuisine a été soulevée complètement par quatre ou cinq individus, sans éveiller nos gens qui y dormaient, tandis qu'un autre s'introduisait dessous pour voler nos fusils. Un des dormeurs a senti à temps le courant d'air. Revolvers, carabines, etc., vrai feu d'artifice; ni morts, ni blessés.

Désormais je ne vois plus rien du pays; mes notes sont exclusivement nocturnes, sauf naturellement les renseignements techniques sur le fleuve qui me porte.

3 décembre. — Nous sommes en plein pays Beni Haçen et les indigènes nous exploitent; ils imposent un ou deux gardiens pour le canot; des gardiens pour les chevaux : « le pays est si mauvais! » dit-on. A chaque campement, on nous affirme que tous les douars des environs sont habités par des pirates! Nous avons toujours la chance de tomber chez les seuls honnêtes gens du royaume de Fez. On nous demande aussi la « zerda » des tolba, aumône dont vivent

les prétendus savants de l'endroit. Ils se présentent le soir,
à l'entrée de la tente, à quatre ou six, portant une lettre
qui dit en général ceci : « Gloire au Dieu seul, et ensuite,
consul, nous te faisons savoir : que nous sommes six tolba,
très savants et qu'il faut que tu nous donnes quatre douros,
et six pains de sucre et du thé et de la bougie et tout ce
qu'il faut. Que ta vie soit longue et que Dieu allonge tes
jours ! Salut. » Ils s'en vont généralement assez contents
avec 25 sous. Ceci est la « zerda » ; pour y avoir droit,
l'indigène doit être « taleb », c'est-à-dire savoir lire et
écrire, et réciter un certain nombre de sourates du Koran.

D'autres mendiants sont encore fréquents ; ce sont les

RIVES DU SEBOU. — AU PASSAGE DU CANOT

psalmodieurs errants qui traversent le Maroc, par bandes
de quatre ou cinq, tête nue, couverts d'un vieux sac européen, dans lequel ils ont fait un trou pour la tête et deux
pour les bras. Vêtus de crasse du haut en bas, ils vont
ainsi pieds nus, un bâton à la main pour se défendre des
chiens ; et leur marche vagabonde promène ainsi dans l'Islam
inaccessible, sur leur dos ou leur poitrine, la marque de
fabrique de quelque commerçant en semoules ou en sucres
de Marseille ; ce sont des hommes-sandwichs. Souvent un
ou deux sont aveugles, parfois tous, sauf le premier, et alors
ils marchent en file indienne, la main sur l'épaule du précédent, le grand bâton dans l'autre main. A ceux-là encore,
l'aumône est obligée.

Il y a aussi les tombeaux de marabouts, saints locaux

parfois très récents, dont les passants honorent la mémoire. A la porte du tombeau, au bord de la route est une natte maintenue sur le sol par quatre pierres, ou des boulets de canon, et l'on jette sur cette natte, en passant, une pièce de bronze, un chapa. Il est à remarquer combien les morts sont moins exigeants que les vivants, car il y a trente sept chapa dans la pièce de cinq sous, dite grich ou bélioun, ou rial. Cette aumône est la « ziara »; elle ne peut être ramassée que par un « taleb » dans le besoin; ce serait un sacrilège pour un autre passant de s'en emparer; cette règle est assez observée à cause de la faible valeur des dons offerts. Il arrive souvent, en revanche, que des passants quelconques, voyant un chrétien approcher d'un tombeau, font un détour pour y être avant lui, et le voyageur se trouve en présence de deux mendiants, assis à la porte du tombeau, comme s'ils y passaient leur vie; ils s'intitulent gardiens du local, et exigent la ziara... d'un douro autant que possible. Il paraît que de la sorte il n'y a pas sacrilège.

Quantité d'objets, dans la campagne, sont pourvus de ce pouvoir d'attirer les aumônes, et présentent au passant la natte traditionnelle. Presque tous les arbres portent des chiffons maraboutiques; les touffes de roseau ou kseb, les kerkour des champs, et souvent un simple bâton, planté en terre; ce dernier rappelle en général un incident de route, ou une particularité du chemin. C'est presque toujours, sur une piste très fréquentée, l'endroit d'où l'on aperçoit la ville qui est le but du voyage. Enfin, les boulets de canon sont toujours des objets saints. J'ai vu l'autre jour une femme venir implorer, en hurlant, une touffe de kseb et baiser religieusement trois boulets qui étaient alignés au pied, par rang de taille. Il en est de même des canons, etc.

9 decembre. — J'ai vu aujourd'hui, du canot, un spectacle assez fréquent ici, mais toujours amusant : le déplacement d'un douar. Les tentes chargées sur les bourriquots, les femmes et les fillettes, les petits enfants eux-mêmes portent quelques piquets, et les hommes daignent se charger de leur fusil; les chiens mêmes emportent la dernière charogne qu'ils n'ont pas terminée; en une heure, le douar est réédifié sur une nouvelle place, toujours au bord de l'eau. Ils obéissent ainsi à une nécessité : quitter un sol ravagé par les animaux, empesté par les détritus de toute sorte. Mais avant de quitter l'ancienne place, ils prennent de plus le soin de labourer l'enclos, le « sas », où ils enfermaient leurs bêtes la nuit, ainsi que la partie centrale du cercle formé par l'ensemble des tentes. Ce sont évidemment deux terrains bien fumés. J'ai assisté un jour à ce

labour. Trois beaux gaillards, bien musclés, se relayaient
au mancheron de la charrue ; ils avaient ôté la djellaba et
portaient simplement la chemise serrée aux reins ; à chaque
sillon, le laboureur quittait la charrue, remplacé par un
autre, et se désaltérait à une jarre de lait. Les femmes
admiraient leurs hommes. Ce fut un beau spectacle, qui
dura... trois quarts d'heure. Le parcours de ces douars est
toujours très petit, précisément à cause de cette nécessité
de surveiller l'ancien emplacement où dort l'espoir des
récoltes futures. Un gros village n'a pas un terrain de
parcours de plus d'une vingtaine de kilomètres carrés (1).

PASSAGE DU SEBOU SUR UN RADEAU DE JONCS (MAHDIYA)

11 *décembre*. — Rixe aujourd'hui entre le beau brigand
qui nous guide et nos muletiers ; ils vont jusqu'à armer leurs
fusils et se mettre en joue... On intervient, on crie, on les
sépare pour leur faire plaisir et ils se réconcilient, contents
d'avoir été pris au sérieux... Le soir un des énergumènes
vient naturellement demander du thé, du sucre, et tout ce
qu'il faut (koulchi) pour fêter cet heureux événement.

---

(1) On a confondu souvent, récemment encore, nomade et
« habitant sous la tente ». La différence est énorme : les nomades
réels ne peuvent être que des pasteurs, poussant leur troupeau
devant eux ; au Maroc, et particulièrement autour de Casablanca,
les Arabes *ne peuvent pas* être nomades, puisqu'ils sont labou-
reurs ; ils se déplacent seulement pour les nécessités du pâturage
de leurs bêtes de labour, et souvent même habitent *sous la tente*
dans un enclos, un « sas » en pierres sèches. Ce ne sont pas des
nomades ; ils sont fixes, dans une maison de toile.

12 décembre. — Bonne journée ; j'ai vu de près les Beni Haçen et m'en suis tiré sain et sauf.

Le matin, rencontré des pêcheurs d'alose... La pêche de l'alose sur le Sebou appartient au sultan ; elle est affermée à un habitant d'Azemmour pour la somme de dix-huit cents douros (??), plus une redevance en nature, poisson séché pour les cuisines du palais. Les gens d'Azemmour sont en effet des spécialistes dans la pêche en rivière ; les pêcheurs de Mehediya sont d'Azemmour, ainsi que les gens rencontrés ce matin. Ils pêchent avec des filets barrant la rivière de deux mètres cinquante de haut. Ils font cuire le fretin pour eux d'une façon assez bizarre... et simple. Le poisson ouvert et salé est posé sur un lit de joncs enflammés. On le couvre d'autres javelles allumées et cela fait rapidement un lit de cendres dans lequel est le poisson. On entretient ensuite le feu par-dessus jusqu'à cuisson complète, et l'on découvre alors dans la cendre des morceaux de charbon, analogues à des tisons éteints, que l'on casse et qui contiennent du poisson cuit ; la moitié superficielle, carbonisée protège à peu près l'autre ; c'est très bon et cela nettoie les dents...

Cet après midi, un homme à pied s'est mis à courir sur la berge en invectivant le marin Tymenn et moi ; bientôt, un second est apparu, puis d'autres et à chaque instant une nouvelle silhouette surgissait au haut de la falaise qui sert de berge au fleuve. Bientôt ils ont commencé à nous jeter des pierres, sans succès, et toute la troupe nous suivait en criant, y compris des enfants en bas âge, attirés par ce spectacle rare dans ces régions : une chasse au chrétien. Devant l'inutilité de leur entreprise, ils ont changé de tactique. La bande a pris le galop vers l'aval, en ne gardant qu'un couteau pour vêtement (c'est très vite fait), et, ayant gagné quelques centaines de mètres d'avance, s'est mise à l'eau en barrant le fleuve. Nous étions pris ou à peu près. Le canot a pu cependant passer entre deux d'entre eux, l'échappant belle. car notre pauvre Berthon de toile était facile à traverser d'un coup de couteau, ce qui nous eût fait barboter dans le fleuve au milieu de ces énergumènes hurleurs, la nuit tombait ; le convoi était loin devant. Notre situation n'eût pas été brillante. Ce bain inutile avait sans doute refroidi leur ardeur guerrière, car le lendemain je reconnus au camp le promoteur du mouvement, venu presque en ami. Dans cette région de Tenaja, le type d'homme est peu ordinaire et se rapproche beaucoup de la race rouge malaise, par le teint, le profil, les cheveux noirs longs et laineux. Quelques mensurations y auraient présenté grand intérêt.

On parle de ruines chrétiennes dans les environs ; un

port chrétien (mersa naçrani), un mur chrétien (sas naçrani)
sur la rive gauche.

14 *décembre*. — Départ le matin dans la nuit, à cheval,
avec trois guides, pour retourner au canot que l'on a aban-
donné hier en amont. On entend des pas de mule à gauche;
nos trois hommes fondent dans cette direction l'arme haute
et arrêtent un Rharbaoui qui allait à un marché voisin;
reconnaissance; saluts de part et d'autre, « que chacun
suive sa route en paix ». Cette façon de se garder en se
précipitant l'un sur l'autre, prêts à s'entre-tuer, est vraiment originale.

CONFLUENT DU SEBOU ET L'OUED BHET

Canot. — Cinq minutes après le départ. Un cavalier,
accompagné de quelques esclaves à pied, galope sur la rive
gauche et m'ordonne évidemment de m'en aller. Il est qaïd
de quelque chose et accompagne ses ordres de démonstra-
tions tellement hostiles qu'il faut avoir l'air de se sou-
mettre. Le canot est démonté, hissé sur sa monture et
remis à l'eau cinq minutes après.

Cette fois, c'est sur notre propre rive : un vieillard à l'air
vénérable, porteur d'un superbe Winchester, arrive à l'im-
proviste, bouscule l'Arabe qui me suit sur la berge en lui
reprochant de prostituer son pays, me couche en joue et
tire dans l'eau. Puis il remet son fusil sur l'épaule et dé-
clare que le pays est très mauvais. Quelques pas en silence.
Le vieux bandit finit par déclarer que si nous lui donnons

cent sous, il nous fera traverser cette région si mauvaise ; qu'il est bien connu, et tout le monde sait qu'il a tué son père et son frère pour une discusson futile ; enfin, il sera un guide de tout repos.

Ce pirate disparaît après avoir partagé notre déjeuner. Une heure ou deux sans incidents. Vers trois heures de l'après-midi, des Arabes causent au haut de la falaise. Ils nous ont vus, et l'un d'entre eux se décide. Sans bouger, il dit quelques mots à une petite fille de cinq ou six ans, qui se dirige vers la case paternelle et revient, traînant par le canon un fusil... Le père se lève, tire son burnous, sa djellaba, tout ce qui le gêne, et nous met en joue. Le tout a bien duré cinq minutes ; c'est très long. Le coup ne part pas ; je ne saurai jamais pourquoi.

Le soir, coucher de soleil éblouissant au ras de l'horizon. Un groupe sur la berge se détache sur le soleil même en silhouettes noires. Impossible de savoir ce qu'ils font ; on devine néanmoins qu'ils ont le genou en terre et l'arme prête... Encore !... Cette fois, nous sentons que nous ne passerons pas. Il faut désarmer devant eux, et pendant un quart d'heure, nous restons là, occupés à démonter le canot, à le hisser sur la berge, puis sur son mulet. Tymenn, le quartier-maître, magnifique de sang-froid, nous retarde d'ailleurs beaucoup, en s'obstinant à démêler *tant qu'elle est mouillée* la corde de 80 mètres de long qui était dans le canot. Les autres posent toujours les « hommes de bronze » sur la rive opposée, comme à l'affût du lapin.

Rentrée le soir au douar des Ouled Chekkor. Je suis très nerveux. En somme, on n'a tiré sur moi qu'une fois aujourd'hui, mais, il y a trois jours, j'ai été franchement attaqué, et l'hostilité dans le pays contre ce bateau « qui mesure le fleuve » se généralise par trop. Aujourd'hui j'ai été arrêté quatre fois. Mais demain ?

Nos sondages cessent à cet endroit.

Cette campagne 1905 se termina quelques jours après par Mehediya et Rabat. Notre voyage dans la plaine du Sebou avait duré deux mois, depuis le départ de Larache jusqu'à l'arrivée à Salé ; deux mois sous la tente sans interruption.

Depuis lors, nous sommes retournés plusieurs fois dans cette région, mais le district Tenaja-Goufifat-Yahalfa est resté impénétrable. Au mois de janvier dernier, j'ai essuyé un coup de feu à 30 mètres, au confluent du Bhet et du Sebou.

Les risques courus ont été d'ailleurs largement compensés par la connaissance que j'ai eue de l'ensemble du pays. Le fleuve, comme voie de navigation *et surtout* comme agent d'irrigation, est sans rival au Maroc ; la plaine est merveilleuse comme terrain de grande culture. Un jour viendra sans doute, où il sera donné à quelqu'un de mettre en valeur toutes ces richesses, lorsque les indigènes voudront bien se laisser convaincre qu'ils peuvent devenir riches.

En tout cas, ils ont pu se persuader déjà d'une chose : c'est que le passage sur le fleuve d'un canot monté par deux Européens (ce qu'ils considéraient comme un sacrilège) n'a été suivi pour eux d'aucune calamité publique, même pas d'un peu de civilisation.

E. POBEGUIN,

Ingénieur de la Mission hydrographique du Maroc
(FONDATION HÉRIOT).

PARIS. — IMPRIMERIE LEVÉ, RUE CASSETTE, 17.

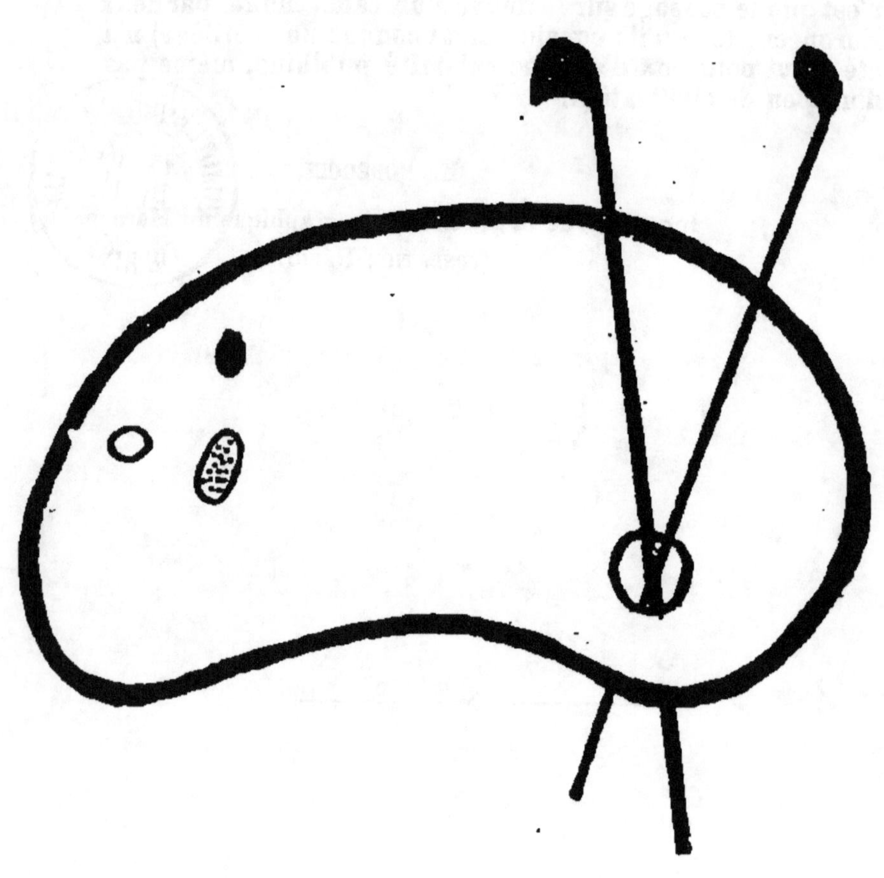

9 782013 627535